미래를 읽다 과학이슈 11
Season 11

미래를 읽다 과학이슈 11 *Season 11*

1판 3쇄 발행 2021년 10월 20일

글쓴이   반기성 외 10명
편집   이충환 이순아
디자인   비스킷

펴낸이   이경민
펴낸곳   ㈜동아엠앤비
출판등록   2014년 3월 28일(제25100-2014-000025호)
주소   (03737) 서울특별시 서대문구 충정로 35-17 인촌빌딩 1층
홈페이지   www.dongamnb.com
전화   (편집) 02-392-6903 (마케팅) 02-392-6900
팩스   02-392-6902
이메일   damnb0401@naver.com
SNS

ISBN 979-11-6363-353-2 (04400)

미래를 읽다

과학이슈 11

Season 11

반기성 외 10명 지음

동아엠앤비

변이 코로나19 바이러스에서 K-뉴딜까지
최신 과학이슈를 말하다!

들어가며

2021 현재 코로나19(COVID-19)는 발생한 지 1년이 넘었지만, 그 확산세는 아직 꺾이지 않고 있다. 전 세계적으로 확진자 수는 1억 명을 돌파했으며, 사망자는 이미 200만 명을 넘어섰다. 다양한 변이 코로나19 바이러스가 나오고 있어 걱정이지만, 코로나19에 대응하기 위한 백신과 치료제가 잇달아 나오고 있다. 인류가 코로나19를 극복하기 위한 싸움은 당분간 계속될 것으로 전망된다.

이번 『과학이슈11 시즌11』에서는 변이 코로나19 바이러스를 중심으로 바이러스의 기원, 인공 조작 루머, 증상, 치료제와 백신 개발 등 코로나19의 최신 주요 이슈를 심층 분석했다. 코로나19 바이러스는 인공적으로 제조된 것일까? 전염력이 강력한 이유는 무엇일까? 밍크 바이러스가 백신을 무력화시킬까? 영국에서 '변종' 바이러스가 등장한 것일까? 치료제와 백신은 얼마나 효과적일까?

코로나19 외에도 국내외에서 과학기술로 들여다봐야 할 사건이 많았다. 예를 들어 70년 가까이 존속했던 낙태죄가 폐지되면서 논란이 일고 있으며, 일론 머스크는 뇌에 컴퓨터 칩을 이식한 돼지를 공개해 세상을 놀라게 했다. 최근 몇 년간 지구 대기에 뚫린 오존 구멍이 역대급 변화를 보이면서 우려를 낳고 있으며, 전 세계적으로 '고기 없는 고기' 대체육이 새롭게 떠오르고 있다. 최근 국내외를 뜨겁게 달군 과학이슈를 좀 더 구체적으로 알아보자.

2019년 4월 헌법재판소가 낙태죄 '헌법불합치' 판결을 내린 뒤 2021년 1월 1일부로 형법상 낙태죄가 폐지됐다. 헌법재판소는 임신 14주까지 낙태를 허용하고 22주까지는 숙고 기간을 거친 뒤 허용하는 권고안도 제시했다. 태아의 생명권이 여성의 자기 결정권보다 더 존중받아야 하는가? 태아에게 생명권은 언제부터 주어질까?

2020년 8월 일론 머스크의 뉴럴링크가 뇌에 컴퓨터 칩을 이식한 돼지를 유튜브로 공개한 것은 뇌-기계 인터페이스(BMI) 연구를 본격적으로 시작했음을 알리는 의도였다. BMI는 뇌 신호를 컴퓨터로 보내 뇌의 명령을 그대로 기계(로봇)에 내리는 것이다. BMI를 통해 생각만으로 어떻게 로봇을 움직일 수 있을까? 또 BMI는 인간의 신체 능력을 얼마나 증강할 수 있을까?

지구 생명체에 해로운 자외선을 막아주는 오존층. 오존층 파괴물질이 알려지면서 이를 규제하는 국제협약인 '몬트리올 의정서'도 1989년 발효됐지만, 최근 몇 년간 오존 구멍은 커다란 변화를 나타내고 있다. 남극 오존 구멍이 2019년 역대 최소로 작아졌다가 2020년에 다시 커진 이유는 무엇일까? 북극 오존 구멍도 급격히 변화하는데, 왜 그럴까?

최근 국내외 식품업체들이 '대체 고기' 식물육을 앞다퉈 도입하고 있다. 식물육의 고기 맛을 살리기 위해 다양한 연구가 진행되고 있으며, 실험실에서 줄기세포로 배양육을 개발하고 있다. '고기 없는 고기' 대체육은 어디까지 가능할까?

이 외에도 2020년 7월 우리 정부가 코로나19로 인한 위기와 변화에 대응하고자 제시한 정책 '한국판 뉴딜(K-뉴딜)', 국가 주도에서 민간 주도의 방식으로 진화하고 있는 세계 우주탐사, 다섯 번째 교통혁명을 일으킬 '비행기보다 빠른 열차' 하이퍼루프, 버려지는 에너지에서 전기를 생산하는 '에너지 하베스팅', 금성 대기에서 생명 활동을 암시하는 물질이 발견됐다는 연구결과가 일으킨 금성 생명체 논란, 블랙홀, 유전자 가위, C형 간염 관련 연구성과를 낸 과학자들에게 수여된 2020년 노벨 과학상 등이 최근 국내외에서 관심을 받았던 과학이슈였다.

요즘에는 과학계에서 중요한 이슈, 과학적으로 해석해야 하는 이슈가 크게 늘고 있다. 이런 이슈들을 심층적으로 분석해 제대로 설명하려고 전문가들이 의기투합했다. 국내 대표 과학 매체의 편집장, 과학 전문기자, 과학 칼럼니스트, 관련 분야의 연구자 등이 최근 주목해야 할 과학이슈 11가지를 뽑았다. 이 책에 다뤄진 11가지 과학이슈를 읽다 보면, 관련 이슈가 우리 삶에 어떤 영향을 미칠지, 그 이슈는 앞으로 어떻게 진행될지, 이로 인해 우리 미래는 어떻게 변화할지 예측하는 힘을 키울 수 있다. 이렇게 사회현상을 깊이 있게 파헤치다 보면, 일반교양을 쌓을 수 있는 것은 물론이고 각종 논술이나 면접 등을 준비하는 데도 큰 도움이 될 것이라 생각한다.

2021년 2월 편집부

ISSUE 11 차례

〈들어가며〉 변이 코로나19 바이러스에서 K-뉴딜까지
최신 과학이슈를 말하다! **4**

1 ISSUE 1 【전염병】 변이 코로나19 바이러스 ◆ 오혜진
계속 변이를 일으키는 코로나19, 언제 정복될까? **8**

2 ISSUE 2 【우주탐사】 민간 우주여행 ◆ 김준래
민간 우주여행 떠나 볼까? **34**

3 ISSUE 3 【식품과학】 유사 고기 ◆ 김청한
'고기 없는 고기'의 시대가 온다?! **52**

4 ISSUE 4 【생명윤리】 낙태 허용 논란 ◆ 강규태
낙태, 임신 14주까지 허용한다? **68**

5 ISSUE 5 【미래교통】 하이퍼루프 ◆ 원호섭
하이퍼루프, 비행기보다 빠른 열차? **88**

6 ISSUE 6 【뇌공학】 뇌-기계 인터페이스(BMI) ◆ 김상현
왜 돼지 머리에 칩을 심었을까? **108**

7 **ISSUE 7** 【에너지】에너지 하베스팅 ◆ 박응서
버려지는 에너지에서 전기를 생산한다?! **126**

8 **ISSUE 8** 【환경】오존층 파괴 ◆ 반기성
지구 대기에 뚫린 오존 구멍의 역대급 변화 **146**

9 **ISSUE 9** 【과학정책】K-뉴딜 ◆ 한세희
K-뉴딜이란 무엇인가? **166**

10 **ISSUE 10** 【천문학】금성 생명체 논란 ◆ 이광식
금성 대기에 생명체가 살까? **186**

11 **ISSUE 11** 【기초과학】2020년 노벨과학상 ◆ 이충환
2020년 노벨과학상 주제는 블랙홀, 유전자가위, C형 간염 **206**

변이 코로나19 바이러스

오혜진

◆ ◆ ◆

서강대 생명과학을 전공하고, 서울대 과학사 및 과학철학 협동과정에서 과학기술학(STS) 석사 학위를 받았다. 이후 동아사이언스에서 과학기자로 일하며 과학잡지 〈어린이과학동아〉와 〈과학동아〉에 기사를 썼다.

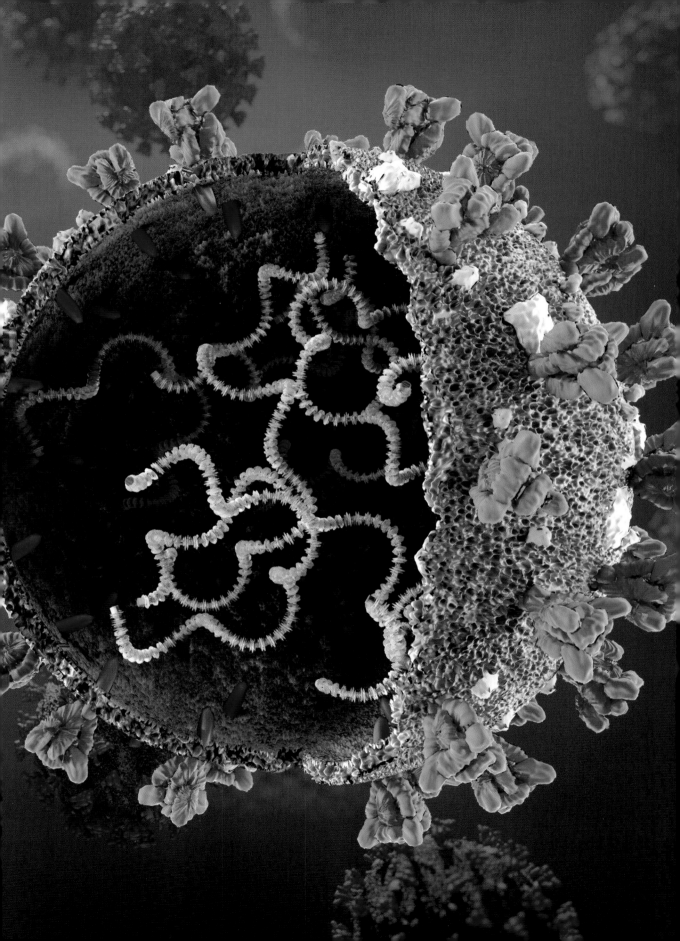

계속 변이를 일으키는 코로나19, 언제 정복될까?

'코로나바이러스감염증-19(이하 코로나19)'가 발생한 지 1년이 넘었지만, 확산세는 멈추지 않고 있다. 2021년 1월 23일 현재 전 세계 코로나19 확진자 수는 약 9800만 명, 사망자 수는 210만 명을 넘었다. 미국은 1일 신규 확진자 수가 19만 명을 기록했고, 영국이나 스페인도 하루에 4만 명 이상의 신규 확진자가 발생했다. 한때 미국과 유럽에서 1일 신규 확진자 수가 최고치를 기록했던 것에 비하면 다소 누그러진 것이다. 국내의 경우 1일 신규 확진자 수가 1000명 안팎까지 늘었다가 1월 18일 이후 500명 미만으로 줄어드는 추세다.

물론 희망적인 소식도 있다. 2020년 11월 화이자, 모더나, 아스트라제네카 등이 개발 중인 코로나19 백신의 임상시험 성과를 발표했다. 2020년 12월 2일 영국을 시작으로 미국, 유럽 등에서 화이자와 모더나의 백신에 대한 긴급사용 승인이 이뤄지며 백신 접종이 시작됐다. 1년간 유례없는 팬데믹에 코로나19와 관련된 수많은 이슈가 있었다. 최근 주목받고 있는 코로나19 변이 논란을 중심으로 바이러스의 기원, 인공 조작 루머, 증상, 치료제와 백신 개발 등 주요 이슈에 대해 자세히 살펴보고, 이를 통해 1년간의 코로나19 팬데믹 사태를 정리해 보자.

코로나19 바이러스, 인공 제조? 자연 발생?

코로나19를 일으키는 바이러스는 'SARS-CoV-2(코로나19 바이러스)'다. 코로나19 바이러스는 중증급성호흡기증후군(SARS, 사스)을 일으키는 사스 바이러스(SARS-CoV)와는 79%, 중동호흡기증후군(MERS, 메르스)를 일으키는 메르스 바이러스(MERS-CoV)와는 50% 비슷한 염기서열을 가지고 있다.

코로나19 바이러스의 유전체는 한 가닥의 RNA로 이뤄지며, 크게 숙주 세포 안에서 바이러스 복제에 관여하는 비구조단백질 유전자와 바이러스의 모양을 만드는 구조단백질 유전자로 나뉜다. 비구조단백질을 암호화하는 유전자는 숙주 세포로 들어가 긴 단백질로 합성된 뒤 16개의 조각으로 잘려 복제 임무를 수행한다. 여기에는 바이러스의 유전체를 복제하는 RNA 중합효소, 숙주 세포의 면역 반응을 피하도록 하는 단백질 절단 효소, 복제 과정 중 오류를 교정하는 교정 효소 등이 있다. 구조단백질 유전자는 바이러스 표면에 돌기처럼 튀어나온 스파이크 단백질과 바이러스 외피 단백질, 막 단백질, 유전체를 둘러싸는 단백질을 생산한다. 그리고 유전체 중간중간에 보조적인 역할을 하는 액세서리 단백질 유전자들이 끼어 들어가 있다.

코로나19 바이러스와 사스 바이러스의 가장 큰 차이는 스파이크 단백질의 서열이다. 스파이크 단백질은 인체 세포 표면의 단백질인 '안

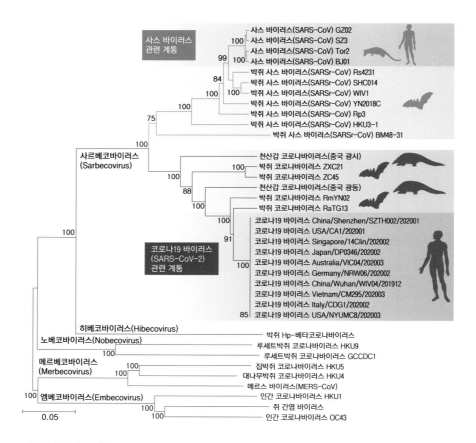

코로나바이러스 계통도

코로나19 바이러스(SARS−CoV−2)와 사스 바이러스(SARS−CoV), 다른 베타코로나바이러스의 전체 유전체 서열에 대한 계통도이다. 코로나19 바이러스는 박쥐와 천산갑에서 발견된 바이러스와 매우 비슷하고, 사스 바이러스, 박쥐에게서 발견된 사스 바이러스(SARSr−CoV)와 함께 사르베코바이러스(Sarbecovirus)에 속한다.
ⓒ Nature Reviews

지오텐신변환효소(ACE2)'를 인식해 이와 결합한다. 이때 인체 세포의 단백질 효소가 스파이크 단백질의 일부분을 자르면, 바이러스가 세포 내로 침투하게 된다. 코로나19 바이러스의 스파이크 단백질은 사스 바이러스의 스파이크 단백질보다 길고, 숙주 세포의 수용체와 결합하는 부위는 73%만 비슷했다. 또 스파이크 단백질이 단백질 효소에 의해 끊어지는 부위에도 아미노산 4개가 새로 삽입되는 변이가 일어났다.

일부에서는 스파이크 단백질의 경우 코로나19 바이러스가 다른 코로나바이러스들과 차이가 큰 점을 지적하며 이 바이러스가 인위적으로 만들어졌다는 주장을 펴기도 했다. 2020년 9월 11일 옌리멍 박사(전 홍콩대 연구원)가 한 논문 공유 사이트에 코로나19 바이러스가 중국 우한의 군사 연구소에서 군사적 목적으로 만들어진 인공 바이러스라는 논문을 공개했다.

EXCLUSIVE: The coronavirus whistle

홍콩대 옌리멍 전 연구원은 코로나19 바이러스가 중국에서 만든 인공 바이러스라고 주장하는 논문을 공개했다. 하지만 과학자들은 이 주장이 터무니없다고 입을 모은다.

그는 코로나19 바이러스가 염기서열이 87% 비슷한 다른 박쥐 바이러스(ZC45와 ZXC21)를 뼈대로, 스파이크 단백질에 감염력을 높인 서열을 삽입해 만들어진 것이라고 주장했다. 해당 논문은 현재까지 95만 건 이상의 조회 수를 기록했다.

하지만 옌 박사의 주장은 정작 과학계에서는 크게 관심을 받지 못했다. 논문을 뒷받침할 과학적 데이터를 제시하지 못했고, 동료 평가를 거치지도 않았기 때문이다. 이미 2020년 3월 전 세계 과학자들은 국제 학술지 〈란셋〉에 코로나19 바이러스 조작설이 근거 없는 허위라는 공동 성명서를 제출했다. 과학자들은 감염이 잘되도록 스파이크 단백질의 구조를 예측해 바이러스를 만드는 것이 불가능에 가깝다고 보고 있다.

아직 명확한 기원을 찾지는 못했지만, 코로나19 바이러스는 자연적으로 발생했을 가능성이 높다. 현재 코로나19 바이러스와 유전적으로 가장 가깝다고 알려진 바이러스는 중국 중간관박쥐(*Rhinolophus affinis*)에서 발견된 코로나바이러스(RaTG13)로, 전체 유전체 서열이 코로나19 바이러스와 96.2% 일치했다. 말라얀관박쥐(*Rhinolophus malayanus*)에서 발견된 바이러스(RmYN02)도 코로나19 바이러스와 93.3% 비슷했다. 천산갑에서 발견된 바이러스는 코로나19 바이러스와 전체 서열은 92.4% 일치했지만, 스파이크 단백질의 수용체 결합 부위가 매우 비슷했다. 이를 토대로 과학자들은 박쥐나 천산갑의 코로나바이러스가 자연환경에서 종간 감염으로 섞이면서 유전자 재조합이 일어나 코로나19 바이러스가 생겨났을 것으로 보고 있다. 이 과정은 20년 이상 걸렸을 것으로 추정된다.

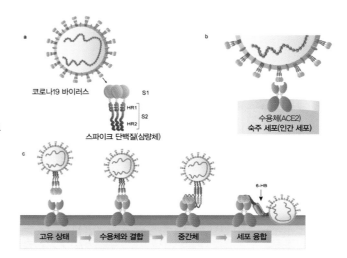

코로나19 바이러스의 생활사

코로나19 바이러스는 겉에 달린 스파이크 단백질이 숙주 세포의 수용체(ACE2)와 결합해 숙주 세포에 침투한다. 숙주 세포 내에서 자신의 RNA로 필요한 단백질을 합성하고 또 다른 RNA를 복제해 증식한 뒤 숙주 세포 밖으로 나온다.

© Acta Pharmacologica Sinica

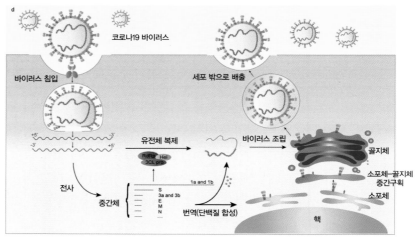

전염력이 강력한 이유

순식간에 팬데믹을 불러온 코로나19 바이러스의 강력한 전염력은 어디서 왔을까. 과학자들은 스파이크 단백질에서 그 이유를 찾았다. 2020년 3월 미국 텍사스대와 미국국립알레르기감염병연구소(NIAID) 공동 연구팀은 극저온전자현미경을 이용해 코로나19 바이러스의 스파이크 단백질의 입체 구조를 분석했다. 연구 결과에 따르면, 스파이크 단백질은 세 개의 단백질이 모여 삼지창 모양을 하고 있다. 이 구조는 사스 바이러스의 스파이크 단백질과 비슷하지만, 수용체인 ACE2와 달라붙는 결합력이 10~20배 강력했다. 수용체와 잘 결합할수록 바이러스가 인체 내로 침투할 확률이 높아진다. 연구팀은 바이러스의 전파력에 대해 추가 연구가 필요하지만, ACE2와의 강한 결합력이 코로나19 바이러스의 전염성을 설명하는 이유가 될 수 있다고 밝혔다.

결합력이 강해진 이유는 아미노산의 변화로 단백질의 구조가 바뀌었기 때문이다. 미국 미네소타대 연구팀은 스파이크 단백질과 ACE2가 결합할 때 중요한 역할을 하는 5개의 아미노산이 기존의 사스 바이러스와 달라졌다는 점을 알아냈다. 연구팀은 이 변화로 코로나19와 ACE2가 더 안정적으로 결합하게 됐다고 설명했다. 2020년 9월에는 독일 연구팀이 스파이크 단백질을 감싸고 있는 당 사슬이 인체 세포의 면역 공격으로부터 바이러스를 보호해주는 역할을 한다는 연구 결과를 발표하기도 했다.

코로나19 바이러스의 스파이크 단백질. 당 사슬(초록색)이 스파이크 단백질을 감싸고 있다.
© MPI f. Biophysik, von Bulow, Sikora, Hummer

최근에는 코로나19 바이러스가 인체에 침입하는 또 다른 경로가 밝혀졌다. 영국 브리스틀대가 이끈 국제공동연구팀은 2020년 10월 코로나19 바이러스가 인체 세포에 침투하기 위해 ACE2 외에 '뉴로필린-1'이라는 또 다른 단백질에도 결합한다는 사실을 알아냈다. 코로나19 바이러스가 ACE2와 뉴로필린-1에 모두 결합하면 감염력이 훨씬 강해졌고, 뉴로필린-1과 스파이크 단백질의 결합을 방해하면 코로나19 바이러스의 감염력이 75% 정도 줄어들었다. 연구팀은 뉴로필린-1과의 상호작용이 코로나19 바이러스가 인체에 더 잘 감염되고 다른 사람에게도 빠르게 전파되는 원인이 될 수 있다고 설명했다.

G형 변이, 전파력이 더 강하다?

생명체가 자신의 유전체를 복제할 때, 종종 오류가 발생해 염기서열이 다른 '변이'가 나타날 수 있다. 바이러스도 마찬가지다. 특히 RNA를 유전체로 갖는 바이러스는 DNA 바이러스보다 안정성이 낮아 변이가 발생할 확률이 높다. 다만 코로나19 바이러스는 RNA 바이러스임에

코로나19 바이러스는 중국 우한에서 발견된 초기부터 계속 변이를 일으켜 왔다. 최근에도 영국발 변이까지 나왔지만, 아직 변종 수준에는 미치지 못한다.

도 복제 오류를 바로잡는 교정 효소를 갖고 있어 다른 RNA 바이러스들보다는 변이가 느린 편이다. 코로나19 바이러스의 변이는 매달 1~2개가 생기는데, 이 변이 속도는 인플루엔자 바이러스의 절반, HIV의 1/4 정도라고 한다.

대부분의 변이들은 바이러스의 확산이나 치사율에는 큰 영향을 주지 않는다. 하지만 치명적인 변이가 발생할 가능성도 없지는 않기 때문에 과학자들은 바이러스의 변이를 계속 감시하고 있다. 특히 스파이크 단백질의 변이가 주 감시 대상이다. 스파이크 단백질은 감염 단계에 중요한 역할을 하고, 현재 개발 중인 백신이나 치료제가 이 단백질을 표적으로 삼고 있어 여기에 심각한 변이가 발생한다면 감염력이 높아지거나 백신과 치료제 개발에도 영향을 미칠 수 있기 때문이다.

코로나19 바이러스는 발생 이후 다양한 변이가 보고돼 왔다. 국제인플루엔자정보공유기구(GISAID)는 현재 코로나19 바이러스를 변이 종류에 따라 S, L, V, G, GH, GR, 기타의 7개 유형으로 분류하고 있다. 코로나 발생 초기에는 중국과 아시아 지역을 중심으로 S형과 V형이 유행하다가, 2020년 2월 말부터 유럽을 시작으로 G형이 널리 퍼져 현재는 전 세계적으로 G형이 유행하고 있다. G형은 스파이크 단백질의 614번 아미노산이 아스파트산(D)에서 글리신(G)으로 바뀐 변이다. G형은 다시 G형, GH형, GR형의 세 유형으로 세분된다. 아프리카, 인도, 러시아에서는 GR형이, 북미, 유럽, 중동에서는 GH형의 바이러스가 우세한 상황이다. 국내에서는 2020년 5월 이태원 클럽 발생 사례 이후로 GH형에 속하는 바이러스가 주로 검출되고 있다.

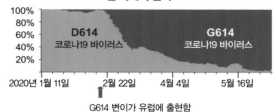

2020년 7월 미국 로스앨러모스국립연구소와 영국 셰필드대 의대 공동 연구팀은 G형(G614)의 코로나19 바이러스가 기존의 바이러스보다 감염력이 더 크고 체내 바이러스양도 많다는 연구 결과를 국제학술지 〈셀〉에 발표했다. 연구팀은 변이가 없는 바이러스와 G614 변이 스파이크 단백질을 발현시키는 바이러스 유사 입자를 만들고 이를 인체 세포에 감염시켜 침투 능력을 비교했다. 그 결과 G614 변이 바이러스가 2.6~9.3배 높은 침투력을 보였다. 또 환자들의 상기도에서 채취한 검체를 얻어 체내 바이러스양을 역으로 추정하자 G614의 양이 더 많은 것으로 나타났다. 연구팀은 이를 근거로 G614 변이 바이러스가 전파력이 더 강해 지배적인 유형의 바이러스가 됐다고 주장했다.

코로나19 바이러스의 G614 변이

미국과 영국의 공동 연구팀이 코로나19 바이러스의 스파이크 단백질 614번 아미노산이 아스파트산(D)인 기존 유형보다 글리신(G)으로 바뀐 변이가 감염력이 높다는 연구 결과를 발표했다. 세포 실험 결과 인체 내 바이러스양이 늘었으며, 전 세계 주요국의 변이 비율이 상당히 높아졌다는 내용이다. 하지만 여전히 논란이 많아 추가 연구가 필요하다.
ⓒ Cell

해당 연구 결과가 발표되자 일부 언론에서는 바이러스가 더욱 위험해지고 있다는 내용의 보도를 내놓으며 공포감을 조성했다. 감염력이 10배나 커졌다거나, 변이 때문에 개발 중인 백신이나 치료제가 효과가 없을 것이라는 우려 섞인 기사들이 잇따랐다. 하지만 과학자들은 세포 수준에서 침투력이 높고 바이러스양이 많이 발견된다고 해서 실제 사람 간 전염력이 높다고 연결 지을 수는 없다며 논란을 일축했다. G형의 바이러스가 급속하게 확산된 것은 방역 수준 등 역학적인 요인도 함께 고려해야 한다는 뜻이다. 또 바이러스의 변이가 스파이크 단백질의 중요 부분인 수용체 결합 영역이 아니기 때문에 백신이나 치료제 개발에도 영향이 미미할 것이라고 내다봤다.

2020년 11월 후속 연구를 통해 G614 변이 바이러스가 인체 세포에서 증식 능력이 뛰어나고, 동물 실험에서도 전파 속도가 빠르다는 것이 확인됐다. 미국 노스캐롤라이나대 의대와 일본 도쿄대 의대 공동 연구팀은 인간의 기도 상피세포에 G614 변이 바이러스와 변이가 없는 바이러스를 감염시키고 증식 속도를 관찰했다. 그 결과 G614 변이 바이러스의 증식 속도가 10배 더 빠른 것으로 나타났다. 두 바이러스를 하나의 세포에 동시에 감염시켰을 때도 G614 변이 바이러스의 증식 속도가 더 빨랐다.

이어 연구팀은 햄스터 8쌍을 대상으로 개체 간 전파 속도 실험을 진행했다. G614 변이 바이러스에 노출된 8마리의 햄스터 중 5마리는 이틀 뒤 감염돼 바이러스가 검출된 반면, 변이가 없는 바이러스에 노출된 햄스터는 4일이 지나야 감염이 일어났다. 다만 연구팀은 사람 사이의 전파력에 대해서는 역시 추가 연구가 필요하다고 못 박았다. 연구팀은 또 전자 현미경을 이용해 변이가 스파이크 단백질의 특성에 변화를 일으키지는 않았다는 점을 확인했다면서, 현재 개발 중인 백신이 변이 바이러스에도 충분히 효과를 발휘할 것이라고 설명했다.

밍크 변이 바이러스, 백신 무력화 논란

아직 유의미한 변이는 발견되지 않았음에도 변이 바이러스에 대한 우려는 끊이지 않고 있다. 2020년 11월에는 덴마크와 네덜란드에서 사람과 밍크에게 공통으로 코로나19 변이 바이러스가 발견되면서 논란이 됐다. 이 변이 바이러스가 개발 중인 백신의 효과를 떨어뜨릴 수 있다는 가능성이 제기된 것이다.

2020년 4월부터 네덜란드에서 밍크와 밍크 농장 노동자의 코로나19 감염이 보고되기 시작했다. 밍크는 코로나19 바이러스에 취약한 동물로 알려져 있어 전문가들은 이전부터 밍크의 대량 밀집 사육 농장이 '바이러스 저장소'가 될 수 있다고 경고해 왔다. 네덜란드 에라스무스의학센터 연구팀은 네덜란드 내 밍크 농장 종사자 18명과 밍크 88마리에 대해 코로나19 바이러스의 유전체를 분석했다. 분석 결과 코로나19 바이러스가 사람에게서 밍크로 옮겨졌고, 밍크 농장 내에서 크게 유행한

코로나19 바이러스에 취약한 동물로 알려진 밍크. 덴마크와 네덜란드에서는 사람과 밍크에게 공통으로 코로나19 변이 바이러스가 발견되기도 했다.

것으로 나타났다. 또 일부 사람에게서 밍크에서 감염됐던 바이러스의 염기서열이 발견돼 바이러스가 다시 밍크에서 사람으로 역으로 전파됐다는 사실도 확인했다.

11월 4일에는 덴마크 메테 프레데릭센 총리가 기자회견을 열어 덴마크 북부의 농장에서 밍크에 의해 12명이 코로나에 감염됐고, 이들에게서 변이 바이러스가 발견됐다고 발표했다. '클러스터 5'라고 이름 붙여진 이 변이 바이러스는 스파이크 단백질과 관련된 여러 가지 변이의 조합으로 이뤄져 있다. 덴마크 국립혈청연구소 연구팀은 이 변이 바이러스가 코로나19 확진자에게서 채취된 항체와 잘 반응하지 않는 것으로 나타났다고 밝히며 개발 중인 백신이나 항체 치료제의 효과를 저해할 수 있다고 우려했다. 이에 따라 프레데릭센 총리는 코로나19의 확산을 막기 위해 덴마크 내의 1700만 마리의 밍크를 살처분할 계획이라고 말했다. 덴마크는 세계 최대 규모의 밍크 모피 생산국으로, 1100여 개 농장에서 1700만 마리의 밍크가 사육되고 있다.

현재로서는 밍크 변이 바이러스에 대해 크게 우려할 상황은 아닌 것으로 보인다. 11월 19일 덴마크 국립혈청연구소 연구팀은 클러스터5라는 변이 바이러스가 지난 9월 이후 더 이상 발견되지 않고 있다며, 이 변이가 멸종됐을 가능성이 높다고 밝혔다.

영국 '변종' 바이러스 등장? '변이' 바이러스일 뿐

변이 바이러스는 계속해서 등장하고 있다. 최근에는 영국에서 출현한 변이 바이러스(VOC-202012/01)가 전 세계에 퍼지며 큰 우려를 낳고 있다. 2020년 9월에 처음 발견된 이 변이 바이러스는 11월부터 영국 런던과 남동부에서 유행하기 시작해 12월 중순에 신규 확진자의 60% 이상을 차지하며 빠르게 확산됐다. 영국뿐만 아니라 프랑스, 독일 등 유럽과 중동, 아시아 등 28개 국가로 퍼져나가고 있으며, 한국에서도 2021년 1월 25일 현재 총 19명이 영국발 변이 바이러스에 감염된 것으로 확인됐다.

영국발 변이 바이러스에서는 총 23개의 변이가 발견됐다. 이 중 6개는 단백질의 아미노산 서열에 변화를 주지 않았지만, 나머지 17개의 변이는 아미노산 서열에 변화를 일으켜 단백질에도 영향을 주었다. 과학자들은 코로나19 바이러스의 변이 과정을 실시간으로 관찰해 왔는데, 이처럼 한꺼번에 17개의 변이를 획득한 바이러스는 처음이라고 한다. 영국발 변이 바이러스는 오랫동안 코로나19에 감염된 환자에게서 발생했을 것이라고 추정된다. 코로나19 바이러스가 환자의 몸에서 장기간에 걸쳐 증식하면서 많은 수의 돌연변이가 축적됐다는 뜻이다.

23개의 변이 중에서 8개가 스파이크 단백질 유전자에서 일어났으며, 이 중에서 주목할 만한 변이는 두 가지다. 하나는 스파이크 단백질이 인간 세포의 수용체(ACE2)와 결합하는 부위(수용체 결합 영역)의 501번 아미노산이 아스파라긴(N)에서 티로신(Y)으로 바뀐 'N501Y' 변이다. 영국공중보건국은 2020년 12월 21일 발표한 보고서에서 N501Y

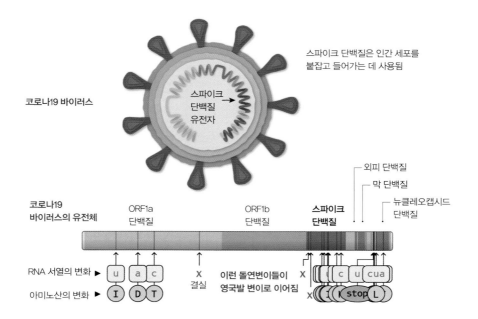

스파이크 단백질은 인간 세포를
붙잡고 들어가는 데 사용됨

코로나19 바이러스

스파이크
단백질
유전자

코로나19
바이러스의 유전체

ORF1a
단백질

ORF1b
단백질

스파이크
단백질

외피 단백질

막 단백질

뉴클레오캡시드
단백질

RNA 서열의 변화 ▶ u a c   X   이런 돌연변이들이   X   c u cua
                                결실   영국발 변이로 이어짐

아미노산의 변화 ▶ I D T   K stop L
                                                              X

변이로 인해 스파이크 단백질과 수용체와의 결합력이 커져 바이러스의
전파 속도가 빨라졌을 것이라고 추정했다. 역학 조사 결과에서도 전염
속도가 40%에서 최대 70%까지 빨라진 것으로 나타났다.

　다른 하나는 스파이크 단백질의 69번과 70번 아미노산이 결실된
'69−70del' 변이다. 이 변이는 일부 면역 저하 환자에게서 코로나19 바
이러스에 대한 면역 반응을 회피하도록 돕는 것으로 밝혀졌다. 하지만
실제 바이러스의 감염력에 대해서는 실험을 통한 추가 연구가 필요하
며, 변이 바이러스가 코로나19를 중증으로 발전시키거나 사망률을 높
인다는 증거도 아직 발견되지 않았다.

　그럼에도 불구하고 일부 언론에서는 '변종' 바이러스라는 표현을
쓰며 치료제와 백신이 '무용지물'이 될 수 있다는 공포감을 조성하고 있
다. 그러나 엄밀히 따지면 '변이'와 '변종'은 다르다. 지금처럼 염기서열
이나 아미노산 수준의 차이가 나타나는 것은 변이에 가깝다. 이런 변이
가 축적돼 유전체 서열이 1% 이상 달라지고, 감염력이나 병원성 같은
바이러스의 유전적 특성이 크게 차이가 날 때 비로소 변종 바이러스가
출현했다고 할 수 있다. 코로나19 바이러스가 중국 우한에서 처음 발견
된 뒤 지금까지 변종이라고 불릴 수 있는 바이러스는 발견되지 않았다.

영국발 변이 코로나19 바이러스의 특징

영국발 변이 코로나19 바이러스(VOC−
202012/01)는 총 23개의 돌연변이가 발견됐는데,
이 중에서 8개가 스파이크 단백질 유전자에서
나타났다. 8개 변이 중에서 주목할 만한
변이는 수용체 결합 부위의 501번 아미노산이
아스파라긴(N)에서 티로신(Y)으로 바뀐 'N501Y',
스파이크 단백질의 69번과 70번 아미노산이
결실된 '69−70del'이다.

© Jonathan Corum/Andrew Rambaut et al., Covid−19
Genomics Consortium UK

영국발 변이 바이러스가 치료제나 백신의 효과를 떨어뜨릴 가능성도 희박하다. WHO의 수석 과학자인 수미야 스와미나탄은 "지금까지 다수의 변화와 돌연변이가 나타나기는 했지만, 그 어떤 것도 현재 사용되는 치료제, 약품, 또는 개발 중인 백신에 심각한 지장을 초래하지 않고 있다"고 말했다. 현재 개발됐거나 개발 중인 백신은 대부분 인체의 면역 시스템이 스파이크 단백질의 여러 부분을 표적으로 하는 항체를 생산하도록 만든다. 특정 부분에 변이가 일어났더라도 다른 부분을 공격할 수 있는 항체를 만들 수 있기 때문에 면역 반응이 일어나는 데는 문제가 없다. 백신의 효과를 무력화시키려면 스파이크 단백질에 지금보다 훨씬 많은 변이가 축적돼야 한다. 바이러스의 변이를 예의주시할 필요는 있지만, 크게 겁먹을 것도 없는 이유다.

코로나19가 중증으로 발전하는 이유

코로나19 바이러스는 호흡기의 상피세포에 결합해 증식을 시작한다. 바이러스의 평균 잠복기는 4~5일이며, 증상이 시작된 지 5~6일째에 체내 바이러스양이 가장 높은 것으로 나타났다. 감염자 중 97.5%가 11.5일 이내에 증상을 보였다.

코로나19의 증상은 다양하다. 가장 흔한 증상은 발열, 마른기침, 인후통, 가래 등의 호흡기 질환 증상이다. 두통, 피로, 구토, 미각과 후각 장애 등의 신경병 증상도 나타날 수 있다. 2020년 11월 독일 샤리테 의대 연구팀은 코로나19 바이러스가 코의 후각 신경을 통해 뇌의 후각과 미각 중추를 감염시킨다는 연구 결과를 국제 학술지 〈네이처 뉴로사이언스〉에 발표했다.

증상이 심해지거나 지속되면 호흡곤란이 발생하고 심한 경우 사망에 이르기도 한다. 이는 바이러스가 기도를 따라 이동해 기관지나 폐 세포에서 증식하게 되면 강한 면역 반응을 유발하기 때문인 것으로 알려졌다. 이를 '사이토카인 폭풍'이라고 하는데, 면역 반응을 유발하는

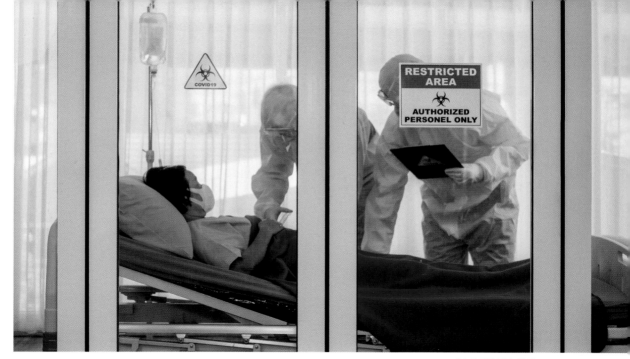

코로나19에 걸린 중증 환자는 '사이토카인 폭풍'이라는 과도한 면역 반응이 일어난다. 주로 기저질환을 앓고 있는 고령의 환자에게 발생하지만, 병이 없던 젊은이에게도 나타난다.

단백질인 사이토카인이 과도하게 분비돼 면역 세포가 정상 세포까지 공격하는 현상을 말한다. 하지만 이처럼 중증 이상에 이르는 경우는 드물고 다수는 경증이나 무증상이다. 중국에서 7만 2314명의 코로나19 환자를 분석한 결과에 따르면, 81%가 경증이었고 14%가 중환자실에서 산소 치료가 필요한 중증 사례였으며, 쇼크나 호흡 부전을 보인 위중 환자는 5%였다.

코로나19 팬데믹에서 아직 풀리지 않는 수수께끼는 바로 이 부분이다. 대부분의 사람은 경증인데, 왜 어떤 사람은 중증으로 발전하는 걸까. 과학자들은 이 차이를 결정하는 요인이 무엇인지를 찾아내기 위해 연구해 왔다. 가장 큰 요인은 나이와 당뇨병, 고혈압, 비만, 폐 질환 같은 기저질환 유무다. 60대 이상의 노인은 입원이 필요하거나 중증으로 발전하고 사망에 이를 가능성이 더 높았다. 나이가 들면 면역 세포의 생성과 항체의 활성 등이 줄어 병원체에 대응하는 능력이 떨어지기 때문이다. 또 많은 노인이 심장병이나 당뇨병 등 기저질환을 앓고 있어 바이러스에 더 취약하다.

하지만 이 요인들은 젊거나 건강했던 사람이 코로나19로 사망하는 경우를 설명하지 못했다. 과학자들은 유전적 요인에서 그 답을 찾고 있다. 전 세계 203개 연구팀은 코로나19 환자의 유전체를 대규모로 분석하는 국제 연구 협력 프로젝트인 '코로나19 환자유전학이니셔티브(COVID-19 Host Genetics Initiative)'를 결성했다. 코로나19 환자와 정상인의 유전체 데이터를 비교한 뒤 환자에게 더 많이 발견되는 유전자를 찾고 있다.

연구팀은 3번 염색체에서 코로나19 중증도와 관련성이 매우 높은 영역을 발견했다. 2200명의 환자 중 산소 치료를 받는 중증 환자 74%에게서 3번 염색체 영역의 차이가 나타났다. 이 영역에는 6개의 유전자가 위치하고 있는데, 백혈구 등의 면역 세포를 유인하는 케모카인 관련 유전자들(CXCR6, CCR1), 코로나19 바이러스의 스파이크 단백질과 결합하는 ACE2와 상호작용하는 단백질을 만드는 유전자(SLC6A20) 등이 있다. 이들 중 어떤 유전자가 코로나19의 중증도와 관련이 있는지는 아직 밝혀지지 않았다. 흥미롭게도 이 영역은 네안데르탈인에게서 받았을 가능성이 높다. 2020년 9월 독일 막스플랑크 진화인류학연구소 스반테 페보 단장과 스웨덴 카롤린스카연구소 휴고 제베르게 연구원은 3번 염색체의 유전자형과 관련 변이형을 고대 인류의 유전체 데이터베이스와 비교했다. 그 결과 크로아티아에서 발견된 약 5만 년 전 네안데르탈인 화석의 DNA 서열과 매우 비슷하다는 사실을 알아냈다. 인류가 네안데르탈인과 교류하면서 네안데르탈인의 DNA가 현생 인류에 남아있게 된 것이다. 이 유전자형은 남아시아에서 30%, 유럽에서 8%, 북미와 중남미인에게 4% 발견됐다. 특히 방글라데시 인구의 63%는 이 유전자형을 보유하고 있는 것으로 나타났다. 반면 아프리카와 동아시아에는 거의 발견되지 않았다.

인터페론이 부족한 경우도 코로나19를 중증으로 발전하게 만드는 원인으로 보인다. 1형 인터페론은 감염 초기에 바이러스와 싸우는 데 핵심적인 역할을 하는 단백질이다. 바이러스가 세포를 침범하면 즉시 반응해 감염된 세포가 바이러스를 공격하는 단백질을 생성하도록 만들고, 면역 세포를 소환하며 감염되지 않은 이웃 세포에 방어를 준비하도록 경고한다.

코로나19의 중증 원인을 유전자에서 찾고자 하는 또 다른 국제 프로젝트인 '코비드 휴먼지네틱에포트(COVID Human Genetic Effort)' 연구팀은 코로나19의 중증 환자들 987명 중 10.2%가 인터페론을 공격하는 항체를 갖고 있다는 점을 발견했다. 이 항체는 1형 인터페론의 활성을 억제했고, 코로나19의 침입을 막지 못했다. 반면 경증이나 무증상 감염자 663명에서는 이런 항체가 전혀 발견되지 않았다.

또 다른 연구팀은 659명의 중증 환자와 534명의 경증 및 무증상 환자에게서 채취한 DNA를 대상으로 13개의 유전자를 비교했다. 이 유전자들에 결함이 있으면 1형 인터페론을 생산하지 못하거나 1형 인터페론이 기능을 하지 못하는 것으로 알려져 있다. 분석 결과 코로나19 중증 환자 중 3.5%가 8개의 유전자에 희귀한 변이를 갖고 있는 것으로 나타났다. 이들 환자의 면역 세포는 1형 인터페론이 매우 낮은 농도로 측정됐다. 반면 경증 및 무증상 환자에게서는 이런 변이를 가진 사람이 한 명도 없었다. 연구팀은 변이를 가진 중증 환자들이 코로나19 감염 이전에는 입원할 정도로 심각한 바이러스 질환을 앓은 적이 없다며, 1형 인터페론이 다른 바이러스 감염보다 코로나19 바이러스의 감염과 더 밀접한 관련이 있는 것으로 보인다고 밝혔다. 과학자들은 '코로나19 위험 유전자'를 발견하기 위해 또 다른 유전자들을 추적하고 있다.

렘데시비르 지고, 항체 치료제 승인

2021년 1월 15일 기준으로 483개의 코로나19 치료제가 개발 중이며, 이 중 396개가 임상시험 단계에 있다. 치료제는 바이러스의 침입과 복제 과정을 저해하는 방식으로 개발되고 있다. 치료제가 시급한 상황에서 기존에 다른 목적으로 개발된 약물을 새롭게 코로나19에 사용하는 재창출 약물도 활용되고 있다.

먼저 코로나19 바이러스와 ACE2나 단백질 효소 사이의 결합을 방해해 코로나19 바이러스의 침투 과정을 저해하는 방식의 약물이 있다.

대표적인 것이 카모스타트메실산염(Camostat mesylate)이다. 이 약물은 췌장염 치료제로 일본에서 승인을 받았는데, 폐 세포 실험과 동물 실험에서 코로나19 감염을 막는 것으로 나타났다. 카모스타트메실산염은 숙주 세포의 단백질 효소(TMPRSS2)를 차단해 코로나19 바이러스의 스파이크 단백질이 세포에 침투하는 것을 막는다. 현재 임상시험 단계에 있다.

코로나19 바이러스가 세포 내에서 복제되는 것을 막는 대표적인 약물은 에볼라 치료제로 개발 중이던 렘데시비르다. 현재 우리나라를 포함한 50여 개 국가에서 코로나 중증 환자를 대상으로 투약되고 있다. 미국식품의약국(FDA)이 2020년 10월 22일 렘데시비르를 코로나19 치료제로 정식 승인하면서, 코로나19 치료제로 허가받은 첫 치료제가 됐다. 하지만 11월 20일 세계보건기구(WHO)는 코로나19 입원 환자 7000명을 대상으로 한 4건의 임상시험 결과 렘데시비르가 환자의 생존 가능성을 높이거나 치료 기간을 단축하는 효과가 없다며 렘데시비르의 사용을 추천하지 않는다고 발표했다. 약을 처방할 경우 생길 수도 있는 잠재적인 위험과 비싼 비용 등을 고려한 권고였다. 다만 렘데시비르의 효능에 대한 임상시험을 계속하는 것은 지지한다고 말했다. 렘데시비르의 효과를 둘러싼 논란은 앞으로도 계속될 것으로 예상된다.

코로나19 바이러스의 직접적인 치료제는 아니지만, 중증으로 발전할 수 있는 과도한 면역 반응을 억제하는 약물이 보조 치료제로 쓰이고 있다. 현재 가장 효과를 보이는 것은 덱사메타손이다. 덱사메타손은 염증과 면역 억제 반응 효과가 있어 다양한 질환에 널리 쓰이는 코르티코스테로이드이다. 값싸고 흔해 쉽게 구할 수 있다는 장점이 있다. 2020년 6월 영국 옥스퍼드대 연구팀은 코로나19 입원환자 2000명에게 덱사메타손을 투여한 결과 장기간 산소호흡기가 필요한 중증 환자의 사망률을 1/3, 산소 치료를 받는 환자의 사망률을 1/5로 줄였다고 발표했다. WHO는 중증의 코로나19 환자를 위해 덱사메타손의 사용을 강력히 권장하고 있다. 우리나라에서도 초기 이후 장기 염증이 문제가 되면

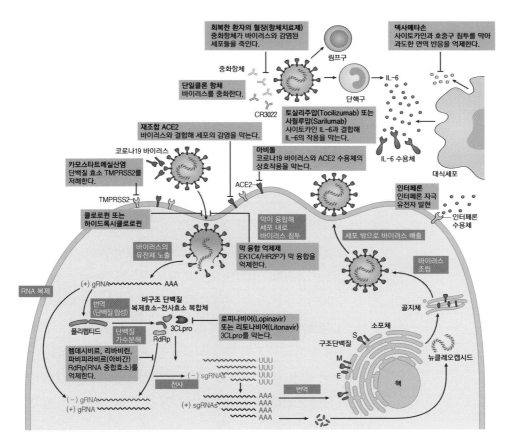

회복한 환자의 혈장(항체치료제) 중화항체가 바이러스와 감염된 세포들을 죽인다.

덱사메타손 사이토카인과 호중구 침투를 막아 과도한 면역 반응을 억제한다.

중화항체

림프구

단일클론 항체 바이러스를 중화한다.

CR3022

IL-6

단핵구

토실리주맙(Tocilizumab) 또는 사릴루맙(Sarilumab) 사이토카인 IL-6과 결합해 IL-6의 작용을 막는다.

재조합 ACE2 바이러스와 결합해 세포의 감염을 막는다.

코로나19 바이러스

카모스타트메실산염 단백질 효소 TMPRSS2를 저해한다.

아비돌 코로나19 바이러스와 ACE2 수용체의 상호작용을 막는다.

IL-6 수용체

대식세포

TMPRSS2

ACE2

인터페론 인터페론 자극 유전자 발현

클로로퀸 또는 하이드록시클로로퀸

막이 융합해 세포 내로 바이러스 침투

인터페론 수용체

세포 밖으로 바이러스 배출

바이러스의 유전체 노출

막 융합 억제제 EK1C4/HR2P가 막 융합을 억제한다.

바이러스 조립

RNA 복제

(+) gRNA　　　AAA

번역 (단백질 합성)

비구조 단백질 복제효소-전사효소 복합체

로피나비어(Lopinavir) 또는 리토나비어(Litonavir) 3CLpro를 막는다.

골지체

폴리펩티드

단백질 가수분해

3CLpro

RdRp

구조단백질

소포체

S

렘데시비르, 리바비린, 파비피라비르(아비간) RdRp(RNA 중합효소)를 억제한다.

M

E

뉴클레오캡시드

핵

(−) sgRNAs　UUU UUU UUU UUU

전사

번역

(−) gRNA
(+) gRNA

(+) sgRNAs　AAA AAA AAA AAA

덱사메타손을 사용하고 있다.

　코로나19에서 회복한 환자로부터 분리한 항체를 투여하는 항체 치료제도 있다. 항체는 바이러스의 특정 단백질을 인식하고 결합해 바이러스를 무력화시키는 면역 단백질이다. 미국의 트럼프 대통령이 코로나19 확진 판정을 받은 뒤 임상시험 중인 미국 생명공학기업 리제네론의 항체 치료제를 투여받으면서 크게 주목을 받았다. 리제네론의 항체 치료제(REGN-COV2)는 코로나19 바이러스의 스파이크 단백질과 결합하는 항체 수천 개 중 가장 효과가 좋은 2개를 조합해 만들어졌다. 2020년 11월 22일 미국 FDA는 리제네론의 항체 치료제를 중간 정도의 증상을 보이는 65세 이상의 고위험군 코로나19 환자에게 투여하도록 긴급사용을 승인했다. 국내에서는 셀트리온이 항체 치료제 개발에 속도를 내고 있다. 셀트리온은 현재 327명의 환자를 대상으로 한 한국 및 유럽에서의 임상 2상을 끝내고, 식약처에 조건부 허가 승인을 신청한 상태다. 식약처가 이를 허가하면 이르면 2021년 2월 초부터 환자들에게

코로나19 치료제의 원리

코로나19 치료제는 바이러스의 침입과 복제 과정을 저해하는 방식으로 개발되고 있다. 대표적인 것이 바이러스의 ACE2나 단백질 효소 사이의 결합을 방해하는 카모스타트메실산염(Camostat mesylate)이다. 렘데시비르처럼 다른 목적으로 개발된 약물을 코로나19 치료에 사용하는 재창출 약물도 있다. 덱사메타손처럼 중증으로 발전할 수 있는 과도한 면역 반응을 억제하는 약물이 보조 치료제로도 쓰인다. 최근에는 코로나19에서 회복한 환자로부터 분리한 항체를 투여하는 항체 치료제도 주목받고 있다.
© Nature Reviews

사용될 것으로 보인다.

화이자와 모더나, 아스트라제네카 백신 개발 성과

백신은 코로나19 팬데믹을 극복할 수 있는 가장 효과적인 방법으로 많은 사람의 기대를 한 몸에 받고 있다. 코로나19 바이러스의 유전체 서열이 밝혀진 이후 전 세계 과학자들이 맹렬한 속도로 백신 개발에 열을 올리는 중이다. 2021년 1월 15일 기준으로 전 세계 192곳에서 백신을 개발하는 중인데, 이 중 68개는 임상시험 단계에 있으며, 최근 고무적인 성과들이 속속 발표되고 있다.

가장 먼저 긍정적인 결과를 발표한 곳은 독일 생명공학기업 바이오엔테크와 미국 제약회사 화이자다. 화이자는 2020년 11월 9일 성명을 통해 바이오엔테크와 공동으로 개발 중인 코로나19 백신 후보물질의 임상시험 3상에서 백신 접종자의 약 95%가 바이러스 감염 예방 효과를 보였다고 발표했다. 65세 이상의 노인에게도 94%의 유효성을 보였다. 임상시험에는 4만 3000명이 참가했으며, 참가자 중 일부가 두통과 피로감을 호소했지만 심각한 부작용은 발견되지 않았다.

11월 16일에는 미국 생명공학기업 모더나가 현재 진행 중인 임상 3상의 초기 분석 결과 94%의 효능을 보였다고 발표했다. 모더나의 백신 임상시험에는 약 3만 명이 참여했다. 모더나는 특히 자신들의 백신이 코로나19의 중증도를 감소시킬 수 있다고 주장했다. 위약을 투여받은 사람 중 11명이 중증의 코로나19에 걸린 데 비해, 백신을 투여받은 사람 중에서는 아무도 중증으로 발전되지 않았다는 내용이다.

화이자와 모더나의 백신은 mRNA 기반 백신이다. mRNA는 핵 속에 있는 DNA의 유전정보를 단백질 합성 장소인 리보솜으로 전달하는 역할을 한다. 코로나19 바이러스의 유전자 중 스파이크 단백질을 암호화하는 mRNA를 지방 나노 입자로 감싸 체내에 주입하면, 체내로 들어온 mRNA가 단백질로 합성된다. 우리 몸의 면역체계는 이 단백질을 외부 물질로 인식하고, 이에 대응하는 항체를 만들어 코로나19 바이러스에 대한 면역을 획득하게 된다.

두 회사의 백신은 모두 두 차례에 걸쳐 접종한다. 화이자 백신은 3주 간격으로 2회, 모더나 백신은 4주 간격으로 2회 접종했다.

11월 23일에는 영국의 제약회사 아스트라제네카와 옥스퍼드대가 공동으로 개발한 백신 후보물질의 유효성이 평균 70%라는 3차 임상시험 중간 결과를 내놓았다. 아스트라제네카의 백신은 코로나19 바이러스의 스파이크 단백질을 만드는 유전자를 독성을 없앤 아데노바이러스에 넣어 체내에 주입하는 방식으로 개발됐다.

아스트라제네카는 임상시험에서 참여자를 두 그룹으로 나눠 한 그룹에는 한 달 간격으로 1회분 용량의 백신을 두 번 접종하고, 다른 그

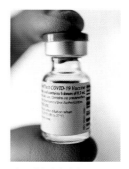

미국 제약회사 화이자와 독일 생명공학기업 바이오엔테크가 공동으로 개발한 코로나19 백신.
© BioNTech SE 2020

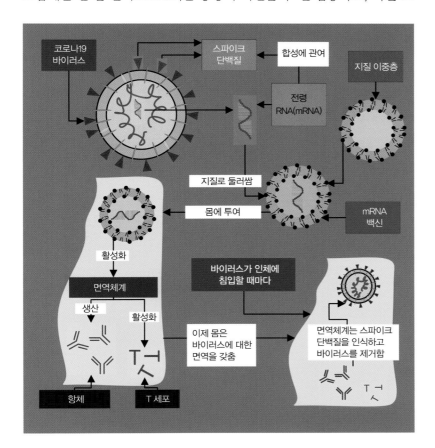

mRNA 백신의 원리

코로나19 바이러스의 스파이크 단백질을 암호화하는 mRNA를 지방 나노 입자로 감싸 체내에 주입하면, 체내로 들어온 mRNA가 단백질로 합성된다. 우리 몸에서는 이 단백질을 외부 물질로 인식해 이에 대응하는 항체를 만든다. 결국 코로나19 바이러스에 대한 면역을 얻게 된다.

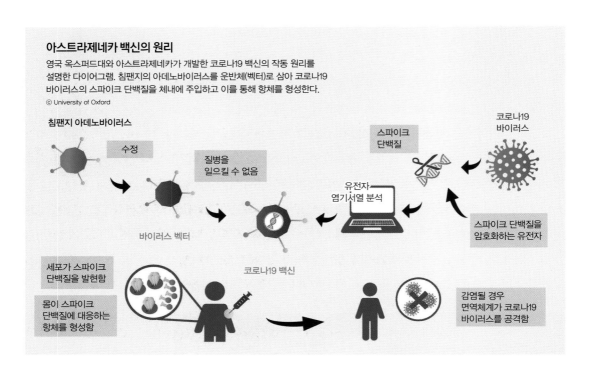

아스트라제네카 백신의 원리

영국 옥스퍼드대와 아스트라제네카가 개발한 코로나19 백신의 작동 원리를
설명한 다이어그램. 침팬지의 아데노바이러스를 운반체(벡터)로 삼아 코로나19
바이러스의 스파이크 단백질을 체내에 주입하고 이를 통해 항체를 형성한다.
ⓒ University of Oxford

침팬지 아데노바이러스

수정

질병을
일으킬 수 없음

바이러스 벡터

세포가 스파이크
단백질을 발현함

몸이 스파이크
단백질에 대응하는
항체를 형성함

코로나19 백신

유전자
염기서열 분석

스파이크
단백질

코로나19
바이러스

스파이크 단백질을
암호화하는 유전자

감염될 경우
면역체계가 코로나19
바이러스를 공격함

룹에는 절반 용량을 접종한 뒤 1개월 뒤 1회분 용량을 다시 접종했다.
그 결과 첫 번째 그룹은 62%, 두 번째 그룹은 90%의 유효성을 보였다.
하지만 발표 직후 백신의 효과에 대한 의문이 계속해서 제기됐다. 먼저
접종방식의 실수로 신뢰성이 떨어졌다는 점이다. 임상시험 초기에 아
스트라제네카는 실수로 1회분 용량의 절반만 채운 백신을 만들어 접종
했다. 그런데 이 오류가 더 높은 효과를 보였는데, 아스트라제네카 측
은 투여 용량에 따라 백신의 예방 효과가 달라지는 이유를 밝히지 못했
다. 또 두 번째 그룹의 참여자들이 노인을 제외한 18~55세 대상이었다
는 점도 지적됐다. 결국 아스트라제네카는 이 결과를 보완하기 위해 추
가 임상시험을 진행하겠다고 밝혔다.

백신 긴급사용 승인과 접종 시작, 하지만 낙관은 일러

2020년 12월 2일 영국 정부는 전 세계 최초로 화이자의 백신 사용

을 승인하고 12월 8일부터 백신 접종을 시작했다. 지금까지 약 60만 명 이상의 영국인이 코로나19 백신 접종을 받았다. 영국을 시작으로 캐나다, 미국, 유럽 등 여러 국가에서 백신 접종을 시작했다. 캐나다와 미국에서는 모더나 백신도 긴급사용을 승인해 접종하고 있다.

한국 정부도 12월 8일 백신 공급 계획을 발표했다. 글로벌 백신 보급 협력체인 코백스 퍼실러티(COVAX Facility)와 글로벌 제약회사인 아스트라제네카, 화이자, 얀센, 모더나의 4곳을 통해 최대 4400만 명분의 백신을 선구매하겠다고 밝혔다. 4400만 명분은 전 국민의 60% 이상에게 접종할 수 있는 수치로, 집단 면역을 형성할 수 있는 최소 기준을 충족한다. 보통 인구 집단의 60~70%가 백신을 접종받아 특정 전염병에 대한 면역력을 가졌을 때 집단 면역을 형성했다고 하며, 집단 면역이 형성되면 전염병의 전파가 느려지고 면역성이 없는 사람들도 보호를 받게된다. 정부는 아스트라제네카와 이미 2000만 회분의 선구매 계약을 체결했고, 나머지 제약회사와도 구속력 있는 구매 약관을 체결해 구매 물량을 확정한 상태라고 밝혔다. 선구매한 백신은 2021년 1분기(2~3월)부터 도입될 예정이다.

백신 사용이 승인되고 접종이 시작되면서 기대감을 모으고 있지만, 아직 낙관하기는 이르다. 실제 접종 시 효능과 안정성, 부작용, 배분처럼 넘어야 할 난관이 많기 때문이다. 가장 큰 문제는 백신의 효능이 얼마나 오랫동안 지속되느냐다. 화이자와 함께 백신을 개발한 독일 바이오엔테크의 우구르 사힌 CEO는 "백신 접종 후 적어도 1년간 코로나19에 대한 면역력이 유지될 것으로 기대한다"고 말했다. 하지만 임상시험의 결과로는 2개월 정도의 단기 효과만 확인했을 뿐이라 실제 백신의 면역 효과가 6개월, 1년 단위의 장기로 나타날지는 아직 알 수 없다. WHO도 백신의 효능을 평가하기에는 임상 데이터가 아직 부족하다고 밝혔다.

보통 백신은 개발과 검증에 10년 이상이 걸리는데, 1년도 채 되지 않아 승인된 만큼 안정성이나 부작용에 대한 우려도 크다. 영국에서는

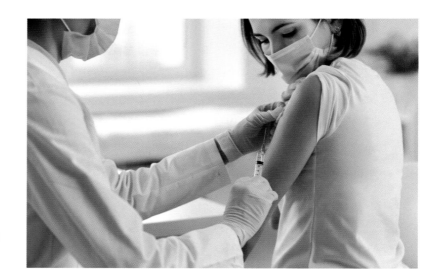

전 세계적으로 코로나19 백신 접종이 시작됐다. 그럼에도 불구하고 지역마다 집단 면역을 갖출 때까지 개인 방역을 게을리해서는 안 된다.

12월 9일 2명이 백신 접종 후 전신 알레르기 반응을 보였다. 이에 영국 당국은 약품이나 음식에 중증 알레르기 반응을 보이는 사람은 화이자의 백신을 접종하지 말 것을 권고했다. 실제 임상시험에서도 화이자는 부작용의 우려로 알레르기 이력을 가진 사람을 미리 배제한 바 있다. 이 때문에 한국 정부는 백신이 도입되더라도 다른 국가에서 50~100만 건 이상의 접종이 진행된 뒤 부작용 발생 보고나 효능 등을 살펴보고 국내 상황 등을 종합적으로 고려한 뒤 접종을 시작할 것이라고 밝혔다.

또 화이자나 모더나의 mRNA 백신은 보관과 유통에 한계가 있다. mRNA는 불안정해서 쉽게 분해될 수 있기 때문에 보관 온도가 중요하다. 백신을 생산할 때부터 환자에게 접종하기 직전까지 초저온의 상태를 유지해줘야 한다. 일반적인 백신은 4℃ 정도에서 냉장 보관을 하는 반면, 화이자의 백신은 영하 70℃, 모더나의 백신은 영하 20℃의 초저온 냉동고에서 보관해야 해 보관과 운송이 까다롭다. 의료 시스템이 열악한 개발도상국에서는 백신을 구매하기 어렵다.

전 세계 수요를 감당할 만한 물량을 생산하는 일도 난관이다. 이미 부유한 일부 국가들이 코로나19 백신을 선점하기 위해 사용 허가가 나기도 전에 화이자, 모더나, 아스트라제네카와 수백만 달러의 계약을 체결했다. 부유한 나라는 백신을 갖게 되고 가난한 나라는 백신을 갖지 못하게 되는 백신의 불평등한 공급이 현실로 나타나고 있는 셈이다. 미국 듀크대학교 세계보건혁신센터는 이미 95억 회 분량의 백신이 예약돼 있어 전 세계 인구가 접종할 만한 백신이 확보되려면 2024년까지 기다려야 할 것이라고 전망했다.

이에 WHO와 전염병예방혁신연합(CEPI), 세계백신면역연합(GAVI)은 한정된 백신을 공정하게 공급하기 위해 코백스 퍼실리티를 출범시켰다. 참여국의 공동 모금을 바탕으로 참여국 인구의 최소 20%에게 접종할 수 있는 백신 물량을 확보하는 것이 목표다. 한국을 포함한 186개국이 참여하고 있다. 아스트라제네카는 코백스 프로젝트에 협력하고 있으며, 화이자와 모더나도 협상 중이다.

2020년 11월 21일 한국을 포함한 주요 20개국 정상들은 G20 정상회의에서 "모든 사람에게 적당한 가격에 백신 접근권을 보장하는 데 노력을 아끼지 않겠다"며 "광범위한 면역을 전 세계 공공재로서 인식한다"는 공동성명을 발표했다. WHO도 "각국의 지도자들이 자국민을 먼저 보호하고 싶은 것은 이해할 수 있지만, 세계적 팬데믹에 대한 대응은 집단적이어야 한다"고 밝혔다. 팬데믹에는 국경이 없으며, 모두가 함께 안전해져야 끝날 수 있다.

전문가들은 예방 접종을 받더라도 당장 최악의 확산세를 진정시키기는 쉽지 않을 것이라고 전망한다. 2021년 겨울까지 최소 1년은 마스크를 쓰며 경계를 늦춰서는 안 된다는 뜻이다. 일상으로 곧 돌아갈 수 있다는 희망을 갖되, 전염병의 유행이 완전히 종식될 때까지 사회적 거리 두기, 마스크 착용 등 방역수칙을 지키며 코로나19와의 싸움을 계속해야 한다.

2

민간 우주여행

김준래

연세대 공대를 졸업한 뒤, 여러 대기업과 벤처기업 등에서 R&D 및 기획 업무를 담당했다. 학교 다닐 때부터 전공보다는 과학 전반에 대한 관심이 많아 과학문화 관련 동아리 활동에 더 열중했다. 졸업 후 회사에 다니면서도 과학기술을 좀 더 쉽게 전달하는 일을 하고 싶다는 일념으로 야간과 주말을 이용해 서강대 대학원에 개설된 과학커뮤니케이션 과정을 수료했다. 현재는 한국과학창의재단이 운영하는 과학기술 전문매체인 〈사이언스 타임즈〉에서 객원기자로 활동하며 여러 매체에 과학기술과 관련한 기사를 기고하고 있다. 과학으로 인류를 살리는 '적정기술'이나 고정관념이 강한 과학계의 관행을 깨는 '역발상적 접근법'에 관심이 많다.

민간 우주여행 떠나 볼까?

최근 우주탐사는 국가 주도의 방식(올드 스페이스)에서 민간기업 주도의 방식(뉴 스페이스)으로 변모하고 있다. 사진은 스페이스X의 유인우주선 크루드래곤이 부착된 팰컨 9 로켓이 미국항공우주국(NASA) 케네디우주센터에 있는 회사 격납고에서 나오는 장면.

© SpaceX

'옛것'을 보내고 '새것'을 맞이하는 자연의 이치는 우주탐사 분야에도 어김없이 적용되고 있다. 수십 년 동안 우주탐사 분야를 지배해 왔던 '올드 스페이스(Old Space)' 모델이 막을 내리고, 새로운 방식의 우주탐사 모델인 '뉴 스페이스(New Space)'가 기지개를 켜는 중이다. 우주탐사면 다 같은 우주탐사이지 어째서 '새로운 방식의 우주탐사'라는 이름을 붙였을까? 그 이유는 뉴 스페이스가 국가와 정부가 아닌 민간기업들이 주도하는 우주탐사 방식이기 때문이다.

불과 얼마 전까지만 해도 우주탐사는 강대국들을 중심으로 그 나라의 정부가 주도하는 방식으로 이루어졌다. 이른바 미국항공우주국(NASA)으로 대표되는 '올드 스페이스' 모델이다. 우주선과 로켓 제작, 그리고 발사기지 조성에 들어가는 천문학적인 비용을 감당할 수 있는 주체가 정부가 아니면 다른 대안을 찾기 어려웠기 때문이다.

하지만 시대가 바뀌면서 우주탐사도 과거와는 다른 형태로 진화하고 있다. 번뜩이는 아이디어와 혁신적 기술로 무장한 기업들이 우주탐사 시장에 뛰어들면서 탐사 자체보다 상용화와 경제성을 먼저 생각하는 지속가능한 우주산업 생태계로 변화해 가고 있다.

특히 주목할 점은 뉴 스페이스 모델을 이끄는 기업들 대부분이 우주산업과는 별로 상관이 없는 분야에 종사하는 업체들이라는 점이다. 직접적인 기술이나 설비는 보유하고 있지 않아도 경제성에 기반을 둔 새로운 비즈니스 분야를 제시하며 적극적으로 기회의 영역을 창출하고 있다는 점이 무엇보다 뉴 스페이스 모델의 성공 가능성을 밝혀주고 있다. 여기서는 뉴 스페이스 모델이 개척해 나가고 있는 우주산업 생태계의 변화상을 살펴보고, 이 새로운 방식의 우주탐사 모델이 펼쳐갈 미래의 모습에 대해 전망해보고자 한다.

'올드 스페이스'에서 '뉴 스페이스'로

2020년 5월 미국 플로리다주에 있는 케네디 우주센터에서 스페이스X의 첫 유인우주선인 '크루드래곤 인데버(Crew Dragon Endeavour)'호가 성공적으로 발사됐다. 2002년 우주탐사 기업인 스페이스X를 설립하면서 "멀지 않은 시기에 우주여행을 할 수 있는 로켓과 우주선을 만들겠다"라고 포부를 밝혔던 창립자 일론 머스크(Elon Musk) CEO의 꿈이 이루어지는 순간이었다.

2020년 5월 30일 스페이스X의 '크루드래곤 인데버'호가 팰컨 9 로켓에 실려 성공적으로 발사됐다.
ⓒ SpaceX

그의 꿈은 여기서 멈추지 않았다. 6개월 뒤인 11월이 되자 후발주자인 '크루드래곤 리질리언스(Crew Dragon Resilience)'호 역시 발사에 도전했다. 5월의 우주선 발사가 시험무대 성격의 프로젝트였다면, 11월에 거행된 발사는 상용화를 염두에 둔 실전 무대였다. 회복력이라는 의미를 갖고 있는 리질리언스호는 4명의 승무원을 태운 채 케네디 우주센터를 박차고 올라가 국제우주정거장(ISS)에 성공적으로 도착했다. 이

뉴 스페이스와 올드 스페이스 비교

	올드 스페이스(Old Space)	뉴 스페이스(New Space)
목표	국가적 목표(군사, 안보, 경제개발, 과학지식, 국가 위상 제고)	상업적 목표(시장 개척)
개발 기간	장기	단기
개발 주체	국가연구기관, 대기업	중소기업, 스타트업, 벤처
개발 비용	고비용	저비용
자금 출처	정부(공공 자본)	민간(상업 자본)
관리 방식	정부 주도	자율 경쟁
특징	보수적, 위험회피, 신뢰성	혁신성, 위험감수, 고위험
대표 사례	아폴로 프로젝트, 우주왕복선	재사용 로켓, 우주 광물 채굴
주요 시장	하드웨어	재사용 로봇, 우주 광물 채굴, 우주 관광
대표 기관	미국항공우주국(NASA), 보잉	스페이스X, 플래니터리 리소시스(Planetary Resources)

들 승무원은 6개월 동안 ISS에서 다양한 실험을 진행한 뒤 지구로 돌아오는데, 무사히 지구로 귀환하면 민간 우주여행 시대가 한층 더 앞당겨질 것으로 전망되고 있다.

인데버와 리질리언스로 구성된 크루드래곤의 성공적 발사가 지닌 의미는 실로 크다. 정부가 아닌 민간기업이 유인우주선을 발사한 첫 사례이기 때문이다. 이는 그동안 정부가 주도하던 우주탐사 분야가 기업으로 넘어가고 있음을 상징적으로 보여주는 계기이기도 하다. 바야흐로 민간 우주탐사라는 뉴 스페이스 시대의 문이 활짝 열리게 된 것이다.

스페이스X의 유인우주선은 '중고 우주선'

이처럼 상징적 의미가 가득한 우주선이다 보니 크루드래곤 시리즈는 탄생부터 기존의 우주선과는 다른 방식으로 제작됐다. 새로 제작한 우주선이 아닌 기존 우주선을 개조한 '중고 우주선'이다. 스페이스X가 2010년부터 사용해 온 화물 수송용 우주선인 '드래곤(Dragon)'을 유인 우주 비행용으로 개조한 것이다. 물론 중고 우주선이라고 해서 성능이나 안전에 문제가 있다는 의미는 아니다. 오히려 민간기업이 개발한 첫 유인우주선인 만큼 경제성을 강조한 제작방식이라는 찬사를 받고 있다. 특히 최첨단 기술이 집약된 설계 및 제작 방식으로 새로 만드는 것보다 승무원들이 더 편안하게 탑승할 수 있고 내구성도 좋아서 더 안전하다는 것이 스페이스X 측의 설명이다. 실제로 승무원들이 탑승하는 크루드래곤의 캡슐 공간은 기존 유인우주선의 공간과 비교해 훨씬 크고 넓다. 기존 유인우주선의 탑승 캡슐은 기껏해야 3~4명 정도가 들어갈 수 있는 공간밖에 없었지만, 크루드래곤 캡슐은 지름 4m, 높이 8m 규모로 최대 7명까지 탑승할 수 있도록 제작됐다.

승무원들의 탑승 공간 외에 기존 우주선과 다른 점을 꼽자면 조종간이 아날로그 방식에서 디지털 형태로 바뀐 점을 들

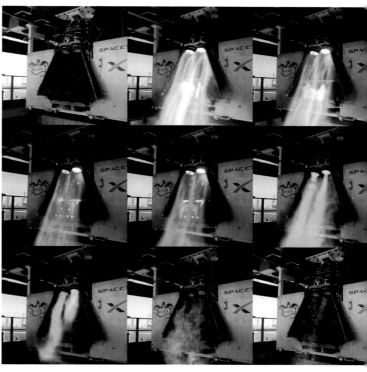

비상탈출 시스템인 슈퍼드래코(Super Draco)의 연소 시험장면. 로켓에 비상사태가 일어나면 8개의 엔진을 가동해 우주선을 로켓에서 즉각 분리할 수 있다.
© SpaceX

수 있다. 기존 우주선의 조종간은 대부분 스위치를 눌러 조종하도록 제작됐지만, 크루드래곤 조종간은 터치스크린 형태로 이뤄져 있다. 흥미로운 점은 크루드래곤 조종은 반드시 2명 이상의 인원이 동시에 작동하도록 설계됐다는 점이다.

이는 터치스크린의 경우 스치기만 해도 자칫하다가는 예상치 못한 오작동이 일어날 수 있다는 점을 우려해서 결정한 조종 방식이다. 비상탈출 시스템도 기존 우주선들과 비교할 때 차별화된 부분 중 하나다. 슈퍼드래코(Super Draco)라 불리는 이 시스템은 우주선 벽에 부착된 작은 추진장치다. 만약 로켓에서 비상사태가 발생하면 8개의 엔진을 가동해 우주선을 로켓에서 즉각 분리할 수 있도록 제작됐다. 비상탈출 시스템은 과거 두 차례나 폭발 사고를 겪은 우주왕복선의 전철을 밟지 않도록 NASA가 스페이스X에 주문한 필수 장치다. 이로써 크루드래곤의 사고 확률은 우주왕복선의 1/90보다 훨씬 작은 1/270로 낮아졌다.

4명의 승무원이 탑승한
'크루드래곤 리질리언스'호의 캡슐
내부. 우주복은 할리우드 의상
디자이너가 디자인했다.
© NASA/Mike Downs

우주복 디자인은 할리우드 의상 디자이너가 맡아

이뿐만이 아니다. 승무원들이 착용하는 우주복의 모양과 기능도 모두 바뀌었다. 모양의 경우 기존 우주복보다 부피가 줄어든 날렵한 형태를 띠고 있어서, 과거 NASA가 개발했던 우주복과는 확연히 다른 디자인으로 구성되어 있다. 스페이스X가 이렇게 날렵하고 세련된 우주복을 제작한 이유는 우주선 내부에서라도 승무원이 좀 더 편하게 지낼 수 있도록 하기 위해서다. 다만 크루드래곤 승무원들이 입는 우주복은 지구와 ISS를 오고 갈 때만 사용하기 위해 개발된 기내용이어서 우주 유영은 불가능하다.

재미있는 점은 크루드래곤의 승무원들이 입은 우주복의 디자인을 과학자들이 아닌 할리우드 의상 디자이너가 맡았다는 점이다. 우주복은 현존하는 과학기술의 집합체로 불릴 만큼 첨단기술로 무장되어 있다. 따라서 정부가 주도하던 우주탐사 프로젝트에서는 대부분 과학자로 이루어진 디자인팀에서 기능 중심의 우주복을 제작했다. 그러나 크루드래곤에 탑승하는 승무원들의 디자인은 할리우드에서 주로 SF영화의 의상을 디자인했던 '호세 페르난데스(Jose Fernandez)'가 담당했다. 그는 스페이스X의 의뢰를 처음 받았을 때만 해도 적잖게 당황했지만, 기존의

2020년 8월 2일 멕시코만 바다에 착륙한
'크루드래곤 인데버'호 캡슐에 지원팀이
도착했다. 캡슐 안에는 2명의 승무원이
타고 있다.
© NASA/Mike Downs

둔탁한 우주복이 아니라 자연스럽고 세련된 우주복을 원한다는 머스크 CEO의 말에 영감을 받아 디자인 작업에 참여했다고 회고한 바 있다.

이렇게 기존의 우주탐사와는 우주선 제작부터 우주복 제작에 이르기까지 모든 점에서 차별화를 두었던 크루드래곤 인데버호는 ISS에서 진행했던 임무를 성공적으로 완수하고 2020년 8월에 지구로 귀환했다. 지구로 귀환할 때도 크루드래곤 인데버호는 색다른 시도를 해서 화제를 불러일으켰다. 일반적인 착륙 방식인 육상 착륙이 아니라 오래전 착륙 기술이 부족해 어쩔 수 없이 선택했던 해상 착륙 방식인 '스플래시다운 (splash down)'을 활용해 귀환했기 때문이다. 미국의 우주선이 육지가 아닌 바다를 통해 귀환한 것은 1975년 태평양 연안에서 추진됐던 미국과 구소련의 우주협력 프로그램이었던 '아폴로·소유즈 테스트 프로젝트' 이후 45년 만에 처음이었다.

바다에서 회수된 크루드래곤 인데버호는 점검을 위해 곧바로 미국 플로리다주에 있는 스페이스X 기지로 보내졌다. 스페이스X의 발표에 따르면 점검을 마친 뒤 2021년에 다시 한번 ISS로 향하는 임무에 투입될 것으로 알려졌다. 현재 계획대로라면 크루드래곤 리질리언스호가 임무를 마치고 귀환한 이후 수개월 안에 ISS를 향해 발사될 것으로 전망되고 있다.

스페이스X, 재사용 로켓으로 우주탐사 상용화 이끌어

크루드래곤 시리즈의 연속적인 성공으로 시작된 뉴 스페이스 모델을 소개하기 위해서는 선두주자인 스페이스X를 빼놓고는 설명할 수 없다. 머스크 CEO가 이끄는 스페이스X는 민간 우주탐사의 역사 그 자체이기 때문이다. 2002년 설립 이후 지금까지 우주를 향한 인류의 꿈을 현실로 만드는 역할을 해 왔다.

스페이스X는 화성에 인류를 보낸다는 야심 찬 계획에 따라 설립된 우주탐사 전문 기업이다. 크루드래곤 시리즈 외에도 로켓의 재활용과 ISS에 정기적으로 화물을 보내는 셔틀형 우주선인 드래곤 개발, 그리고 화성 탐사를 위한 팰컨헤비 로켓 개발 등 성과를 일일이 거론하기 벅찰 정도로 인류의 우주탐사 역사에 있어 한 획을 그었다.

스페이스X가 최초로 개발한 로켓은 '팰컨 1(Falcon 1)'이다. 팰컨이라는 이름은 SF영화의 대명사인 '스타워즈'에 나오는 우주선인 '밀레니엄 팰컨'의 이름을 따서 지었다. 머스크 CEO가 이 영화의 광팬이기 때문에 작품에 대한 오마주의 의미에서 이 같은 이름을 지은 것으로 알려졌다. 스페이스X는 팰컨 1을 제작하면서 동시에 후속 로켓으로 팰컨 5 개발을 계획했다. 그러나 실제로 개발은 이루어지지 않았고 곧바로 팰컨 9 개발에 착수했다. 로켓 회수라는 목적을 위해 개발된 팰컨 9는 2010년 처음 발사에 성공했다.

팰컨 시리즈의 성공 이력을 나열하다 보니 개발이 순조롭게 이뤄졌던 것처럼 보이지만, 이면을 들여다보면 마냥 평탄하게 진행된 것만은 아니다. 팰컨 1 개발 때부터 스페이스X는 연속적인 실패로 고통을 맛봤다. 팰컨 1은 2006년 처음 발사했지만, 화재가 발생해 로켓을 공중에 띄워보지도 못하고 실패했다. 이어서 2차와 3차 발사에서도 장비 결함 등의 이유로 실패했다. 2008년 네 번째 시도 만에 간신히 발사에 성공했다.

팰컨 9도 마찬가지다. 특히 팰컨 9에는 '로켓 회수'라는 역사적인

2018년 2월 6일 팰컨헤비 로켓의
측면 부스터 2개가 발사 후 원래
위치로 동시에 착륙하는 장면.
© NASA/Mike Downs

임무가 부여됐기 때문에 다른 로켓들보다도 더 많은 실패를 할 수밖에 없었다. 그러나 실패를 통해 축적한 기술과 경험을 통해 스페이스X는 마침내 2015년에 팰컨 9를 발사한 뒤 이를 다시 회수하는 데 성공할 수 있었다.

로켓 회수라는 기념비적인 업적을 거둔 스페이스X는 여세를 몰아 회수한 로켓을 다시 사용해 성공적으로 발사했다. 팰컨 9는 2015년에 첫 발사에 성공한 이후 최근까지 95회 발사 성공이라는 엄청난 성과를 거뒀다. 놀라운 점은 스페이스X가 로켓 회수에 만족하지 않고 팰컨 9보다 더 강력한 성능의 로켓을 개발하고 있다는 사실이다.

바로 3개의 팰컨 9 로켓을 묶어서 만든 '팰컨헤비(Falcon Heavy)' 로켓이다. 2018년 첫 발사에 성공한 팰컨헤비는 화성에 13.6톤 정도의 우주선을 보낼 수 있을 만큼 강력한 성능을 자랑한다. 스페이스X는 2024년으로 예정된 유인 화성 우주선인 레드드래건(Red Dragon)을 팰컨헤비에 실어 발사한 뒤 이듬해인 2025년 화성에 인간을 착륙시킨다는 원대한 계획을 추진하고 있다.

Commercial Crew Program

NASA가 역할 분담 정책의
하나로 내세운 '상업용 승무원
프로그램'. 스페이스X, 보잉 등이
참여하고 있다.
ⓒ NASA

경제성에 초점 맞춘 NASA의 역할 분담 정책

민간기업인 스페이스X가 어떻게 뉴 스페이스 모델의 리더 역할을
자처하며 우주탐사에 박차를 가할 수 있었을까? 우주탐사의 대명사이
자 아이콘처럼 여겨지고 있는 NASA의 역할 분담 정책이 가장 큰 원인
이라는 의견이 지배적이다. NASA의 역할 분담 정책이란 ISS 운영을 포
함해 지구 근거리와 관련한 우주 사업을 모두 민간에 맡기는 정책을 말
한다. 그동안 유인 달 착륙을 시작으로 ISS 건설 및 운영, 우주왕복선 운
행처럼 지구에서 멀리 떨어지지 않은 천체와 관련된 탐사작업 등은 모
두 NASA의 주도하에 이뤄졌다. 앞으로는 NASA가 탐사 자체보다 경제
성에 초점을 맞추겠다는 의도가 이 정책에 담겨 있다. 경제성에 초점을
맞춘 역할 분담 정책의 첫 번째 실천방안으로 NASA는 우주선과 로켓

의 임대를 택했다. 이를 위해 NASA는 2014년 '상업용 승무원 프로그램 (Commercial Crew Program)'을 발표하면서 우주선 발사와 관련해서는 모든 것을 민간기업과 협력하기로 결정했다. 이 같은 결정 이후 NASA는 새로운 우주선 개발업체로 스페이스X와 보잉을 선정하고, 이들 업체와 총 6차례 왕복 비행을 하는 조건으로 각각 26억 달러(약 3조 2,000억 원)와 49억 달러(약 6조 500억 원)에 계약을 맺었다.

2020년 5월 27일 스페이스X의 CEO 일론 머스크와 미국항공우주국(NASA) 국장 짐 브라이든스타인이 '크루드래곤 인데버'호에 탑승하는 2명의 우주인에게 인사하는 장면.
© NASA/Kim Shiflett

이와 관련해 스페이스X의 유인우주선 책임자인 벤지 리드(Benji Reed) 박사는 "상업용 승무원 프로그램을 통한 민간 유인우주선의 활용으로 NASA는 300억~400억 달러 정도의 비용을 절감할 수 있을 것으로 추산하고 있다"라고 밝혔다. 사실 NASA가 21세기에 들어서면서 갑자기 경비를 줄이는 노력을 한 것은 아니다. 이미 아폴로 계획이 끝난 20세기 후반부터 우주선 발사에 들어가는 막대한 비용을 줄이고자 재사용이 가능한 우주왕복선까지 개발한 바 있다. 그러나 우주왕복선만으로는 발사 비용을 획기적으로 낮출 수 없어서 결국 30여 년이 지난 2011년에 우주선 발사와 관련된 모든 사업의 종료를 선언했다.

우주선이나 로켓 같은 장비뿐만이 아니라 인력도 민간기업에 일임하고 있다. 크루드래곤의 경우 승무원들은 NASA 소속으로 구성됐지만, 탑승부터 발사, ISS에서의 활동까지 모든 과정은 스페이스X의 통제 아래 이뤄졌다. 하물며 과거 아폴로 우주선과 우주왕복선 발사에 이용되던 발사장조차 현재는 스페이스X에 임대된 상태다. 이처럼 지구와 가까운 우주 공간에서 벌어지는 탐사작업의 모든 것을 민간기업에 맡긴다면 NASA는 앞으로 어떤 업무에 치중할까? 이에 대해 NASA는 '심우주 탐사'와 '지속가능한 우주산업 생태계 조성'에 집중한다는 계획이다.

심우주 탐사는 화성을 비롯한 태양계 행성과 혜성 등을 탐사하는 임무를 뜻한다. 경제성을 논할 수 없는 분야이지만 인류의 미래를 위해 반드시 도전해야 하는 영역이기도 하다. NASA는 이처럼 기업들이 참여하기에는 어려운 우주탐사 분야에 집중할 예정이다.

또한 지속가능한 우주산업 생태계 조성은 지구와 근거리에 있는

2017년 12월 12일 블루오리진의
뉴 셰퍼드 로켓이 착륙하는 장면.
© NASA

우주 공간상의 사업들을 모두 민간에게 맡기는 상업화 정책을 통해 민간기업의 참여를 활성화하는 방법이다. 예를 들어 NASA는 최근 민간기업이 달에서 채취한 토양 샘플을 매입하겠다고 발표했는데, 이는 달 탐사에 민간의 참여를 독려하기 위한 방법이다. 민간기업의 참여율이 높아지면 자연스럽게 시장이 형성되어 선순환 구조를 이루면서 지속가능한 우주산업 생태계가 만들어질 수 있을 것으로 NASA는 기대하고 있다.

블루오리진, 달 탐사에 주력

뉴 스페이스 시대를 이끌어갈 기업으로 스페이스X가 두각을 나타내고 있지만, 그에 못지않게 우주탐사 및 우주여행에 공을 들이고 있는 기업들도 있다. 바로 블루오리진(Blue Origin)과 버진갤럭틱(Virgin Galactic)이다. 두 기업 모두 모두 스페이스X처럼 우주탐사 과정을 상업화하려는 목적을 두고 있지만, 방법론에서는 차이가 있다.

블루오리진은 세계 최대의 온라인 쇼핑몰인 아마존의 제프 베조스(Jeff Bezos) 회장이 설립한 우주탐사 전문기업이다. 쇼맨십이 강한 머스크 CEO 덕분에 스페이스X가 우주탐사의 대표주자처럼 보이지만, 베조스 회장의 우주 사랑은 그 누구보다 강한 것으로 알려져 있다. 사실 스페이스X를 뉴 스페이스 모델의 대명사처럼 만든 '로켓 재사용'과 '분리 로켓의 착륙을 통한 회수' 프로젝트도 블루오리진이 먼저 성공했다. 2015년 블루오리진은 5월 '뉴 셰퍼드(New Shepard)' 로켓을 처음 발사했는데, 이때는 고도 93.5km까지 올라갔고 우주인 탑승용 캡슐은 회수됐지만, 로켓 부스터는 착륙 과정에서 부서졌다. 하지만 그해 11월 뉴 셰퍼드 2호를 발사해 고도 100.5km(우주와 지구 대기권의 경계층이라 할 수 있는 고도)까지 올린 뒤 지상에 착륙시키는 데 성공했다. 또한 이

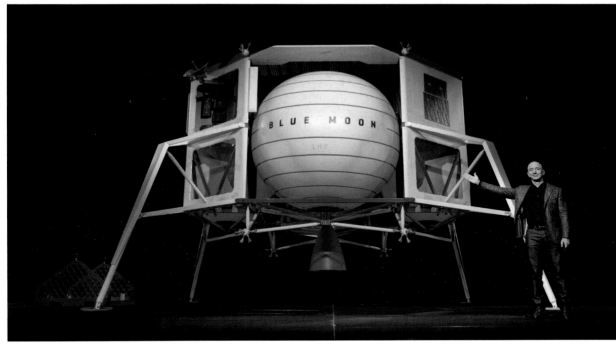

블루오리진이 제작한 실물 크기의
달 착륙선 '블루 문'.
© Blue Origin

듬해 2016년에도 뉴 셰퍼드 2호는 4번 발사와 지상 착륙에 성공하면서
재사용 횟수 총 5번을 기록해 전 세계의 주목을 받은 바 있다.

2020년 10월에는 뉴 셰퍼드 3호가 고도 100km까지 올라간 뒤 7
분 30여 초 만에 지구로 귀환하는 데 성공하면서 총 7번의 재사용 기록
을 세웠다. 이는 우주 경계선이라 불리는 고도 100km까지 올라갔다가
돌아오는 '준궤도 우주여행'이지만, 스페이스X가 보유한 '1개 로켓, 6번
재사용 발사' 기록을 앞선 것이다. 블루오리진은 뉴 셰퍼드 1호부터 3호
까지 총 13번 발사했다.

이처럼 블루오리진이 로켓 발사와 관련해 만만치 않은 저력을 과
시하고 있지만, 스페이스X에 비해 상대적으로 저평가를 받는 이유는 무
엇일까? CEO의 성향과 함께 우주탐사의 지향점이 다르기 때문이라는
것이 전문가들의 공통된 의견이다. 단적으로 말해 베조스 회장이 가기
원하는 목적지는 화성이 아니라 달이다. 그는 탐사나 관광보다는 지구
의 환경문제 개선에 관심이 많다. 환경오염을 일으키는 분야의 산업 시

설을 지구 밖으로 옮겨 그곳에서 가동하면 지구 환경 문제도 자연스럽게 해결될 수 있다는 것이 그의 주장이다.

문제는 그런 산업 시설을 어디로 옮겨야 하느냐는 점인데, 베조스 회장은 그 후보지로 달을 생각하고 있다. 한 매체와의 인터뷰에서도 "지구에는 환경오염을 일으키지 않는 산업만 남기고 그 외의 모든 산업은 우주 식민지에서 이뤄져야 한다"라고 전하며 "1호 우주 식민지로는 달이 가장 적합하다"라고 밝힌 바 있다.

실제로 블루오리진의 최근 행보는 달 탐사에 집중돼 있다. 베조스 회장은 2019년 달 착륙선 '블루 문(Blue Moon)'을 공개하면서 2024년에는 사람을 달까지 실어 나르겠다고 발표해서 주목을 받았다. 뉴 셰퍼드 3호 로켓 발사 역시 달 탐사를 준비하기 위해 활용됐다. 로켓에는 착륙 센서, 궤도이탈 센서 등 12종의 탑재체가 실렸는데, 이는 정밀 착륙에 필요한 기술로 NASA의 유인 달 탐사 프로그램인 '아르테미스(Artemis)'에 활용될 예정이다. 이에 대해 블루오리진은 달 착륙선이 달에 접근할 때 위치와 속도를 결정하기 위해 센서들이 안전하게 작동하는지 알아보는 차원에서 관련 장비들을 탑재했다고 밝혔다.

버진갤럭틱은 탐사보다 우주여행

스페이스X와 블루오리진이 재사용 로켓을 활용한 화성 탐사와 달 탐사에 각각 주력하고 있는 반면에 또 다른 항공우주 기업인 버진갤럭틱은 탐사보다는 우주여행에 무게를 두고 사업을 추진하고 있다. 버진갤럭틱의 우주선 이름은 '스페이스십 2(Space-Ship 2)'다. 이 우주선은 스페이스X와 블루오리진처럼 하늘을 향해 수직으로 발사하는 로켓에 탑재하는 것이 아니라 대형 비행기에 실려 일정 고도까지 올라간 뒤 공기 저항이 낮은 위치에서 수평 방향으로 발사해 우주로 나가는 방식을 취하고 있다. 본래 계획으로는 2020년 10월 말에 스페이스십 2 시험비행을 추진할 예정이었지만, 기업 내부 사정으로 지연되고 있다. 예정된

모선에 결합해 있는 버진갤럭틱의
우주선 '스페이스십 2(중앙 동체)'.
모선에 실려 일정 고도에 올라간 뒤
수평으로 발사해 우주로 나간다.

© Virgin Galactic/Mark Greenberg

비행은 본격적인 우주 관광에 앞서 상용화 가능성을 최종 점검하는 테스트이다. 총 2번의 테스트 비행을 성공적으로 마치면 2021년에 세계 최초로 우주 관광 상품을 선보일 것으로 예상된다.

　그렇다고 버진갤럭틱이 로켓 연구를 하지 않는 것은 아니다. 대형 비행기에 실어 우주선을 공중에서 발사하지만, 로켓은 필요한 만큼 작고 가벼우면서도 수평 상태에서 발사할 수 있도록 꾸준하게 개발하고 있다. 대표적으로는 2020년 5월 계열사인 버진오빗(Virgin Orbit)을 통해 공중에서 시도했던 로켓 발사 테스트를 꼽을 수 있다. '런처원(Launcher One)'이라는 이름의 이 로켓은 테스트 과정 중 엔진이 멈추면서 비록 실패했지만, 발사 과정 경험이라는 당초 목표는 거두었다는 것이 버진갤럭틱 측의 설명이다.

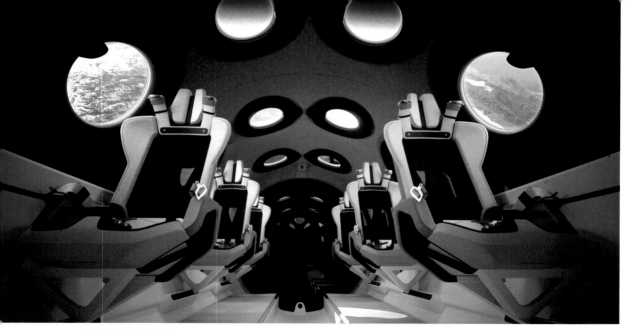

우주여행 용도로 개발된
스페이스십 2의 내부.
© Virgin Galactic

우리나라, 독자적 로켓 기술 확보한다

뉴 스페이스 모델이라는 새로운 우주탐사 방식이 주목을 받으면서 기술과 경제성을 무기로 한 항공우주 기업들이 등장하고 있고, NASA는 역할 분담 정책을 통해 그동안 축적해 놓았던 지식과 경험을 제공하면서 우주탐사를 지원하고 있다. 또한 중국과 일본, 그리고 유럽의 우주 탐사는 미국처럼 민간기업들의 참여가 활성화되지 않아서 아직은 올드 스페이스 모델처럼 정부가 주도하고 있지만, 나름대로 눈부신 성과들을 거두고 있다. 중국의 달 뒷면 탐사나 일본의 소행성 탐사 등이 그것이다. 반면에 우리나라의 경우 전 세계 우주산업에 불고 있는 변화의 바람이 아직 본격적으로 유입되지 않은 상황이다. 이는 국내 우주산업이 아직 미성숙한 단계여서 그런 점이 가장 큰데, 그래도 전문가들은 뉴 스페이스의 파급효과를 고려할 때 이에 대한 다양한 방안을 마련하는 것이 필요하다는 입장이다.

현재 우리나라가 계획하고 있는 우주탐사 추진방안을 살펴보면 단기적 추진방안과 중·장기적 추진방안으로 나뉘어 있음을 알 수 있다. 단기적 방안의 경우 2021년에 독자적인 로켓 기술을 확보하고, 그 이듬해인 2022년에는 달 궤도선을 발사한다는 계획을 수립한 상황이다. 또한 중기적으로는 위성 발사용 로켓을 개발하기 위한 지원과 함께 달 착륙선 발사 등이 계획돼 있고, 장기적으로는 항공 우주 산업에서의 전략 기술 확보와 기업의 경쟁력 강화를 목표로 정책을 추진하고 있다.

단기적 방안이나 중·장기적 방안에서 뉴 스페이스의 주체인 기업 참여도가 부족한 것은 아쉬운 일이지만, 우리나라가 안고 있는 현실인 만큼 우선은 당면한 과제인 단기적 방안을 해결해야만 한다고 전문가들은 조언하고 있다. 특히 독자적인 로켓 기술 확보는 우리나라 뉴 스페이스 모델의 성공 가능성을 판단할 핵심 목표라는 것이 대다수 전문가들의 의견이다. 스페이스X나 블루오리진 모두 NASA의 기술을 이전받아 발전시킨 만큼 국내 기업들을 뉴 스페이스 모델에 참여시키려면 국가가 핵심기술을 보유하고 있어야 하기 때문이다.

전남 고흥군 나로우주센터의 발사대에 세워져 있는 누리호의 상상도. 독자적으로 개발된 누리호는 2021년 10월 시험 발사를 앞두고 있다.
ⓒ 한국항공우주연구원

우리 땅에서, 우리의 힘으로 만든 로켓과 우주선을 우주로 보낼 때, 우리는 비로소 '우주 주권을 획득했다'라고 말한다. 아직 우주 주권을 획득한 상황은 아니지만, 우리도 멀지 않았다는 점은 지난 성과와 앞으로의 계획이 말해주고 있다. 2013년 전남 고흥군 나로우주센터에서 러시아의 도움을 받아 나로호를 발사한 데 이어, 우리 힘으로 만든 누리호는 2021년 10월에 시험 발사가 예정돼 있다. 이번 발사가 성공하면 드디어 대한민국도 우주 주권을 갖게 되는 것이다. 그렇게 우리가 우주 주권을 확보한다면 우주산업에 대한 민간기업의 관심도가 높아지면서 국내에서도 자연스럽게 뉴 스페이스 모델이 확산될 것으로 보인다.

3

유사 고기

김청한

♦♦♦

인하대학교 컴퓨터공학과를 졸업하고, 〈파퓰러 사이언스〉 한국판 기자와 동아사이언스 콘텐츠사업팀 기자를 거쳐 현재는 〈사이언스 타임즈〉 객원 기자로 활동하고 있다. 음악, 영화, 사람, 음주, 운동처럼 세상을 즐겁게 해주는 모든 것과 과학 사이의 흥미로운 연관성에 주목하고 있으며, 최신 기술이 어떤 식으로 사람들의 삶을 변화시키는지에 대해 관심이 많다. 지은 책으로는 『과학 이슈 11 시리즈(공저)』가 있다.

'고기 없는 고기'의 시대가 온다?!

'고기 없는 고기' 대체육이
최근 널리 퍼지고 있다. 사진은
미국 업체 '임파서블 푸즈'의
식물육 요리 장면.

ⓒ Impossible Foods

　　과거 국내 예능을 휩쓸었던 '무한도전'이라는 프로그램 중 이런 장면이 있었다. 빙고 게임을 하기 위해 멤버끼리 팀을 나누는 과정에서 '홍철 없는 홍철 팀'이 탄생한 것이다. 가위바위보를 해 자기 팀의 구성원을 뽑는 간단한 규칙을 악용해 박명수가 상대 팀장인 노홍철을 자신의 구성원으로 선택하면서, 졸지에 '팀장인 노홍철은 없고 노홍철이 뽑은 멤버만 남은' 홍철 팀이 만들어졌다. 한 개그맨의 순간적인 재치는 해당 에피소드를 레전드로 만들기 충분했다. 이후 '순대 없는 순대국밥', '온천 없는 신길온천역(2021년 6월부터 능길역으로 명칭 변경 예정)', 고전적인 '붕어 없는 붕어빵'까지 비슷한 활용이 잇따르며, 실제와 명칭이 다른 존재를 일컫는 흥미로운 언어 유희로 사용되고 있다.

　　그렇다면 '고기 없는 고기'는 과연 이런 예시에 해당할까? 이는 단순한 상상이나 말장난이 아니다. '고기 없는 고기'를 실제 체험하고 판단해 볼 수 있는 사례가 이미 가까이 있다.

2020년 2월 롯데리아는 모든 소스와 패티에 식물성 원료만을 사용한 '미라클 버거(Miracle Burger)'를 출시했다. 국내 대형 프랜차이즈에서 본격적으로 출시한 '대체육 버거'라는 사실에 수많은 사람이 주목한 것은 당연한 일이었다. 고기가 없지만 고기맛은 난다는 의미의 'Not Beef, But Veef'라는 콘셉트가 얼마나 그럴듯한지를 직접 확인하는 후기가 한때 인터넷에 넘쳐나기도 했다. 이에 자신감을 얻은 롯데리아는 2020년 11월 두 번째 대체육 버거인 '스위트 어스 어썸(Sweet Earth Awesome) 버거'를 출시하며 '고기 없는 고기' 제품 개발에 박차를 가하는 모습이다.

롯데리아가 출시한 대체육 버거 '스위트 어스 어썸 버거'.
© 롯데GRS

이런 현상은 일시적인 마케팅이나 유행이 아니다. 고단백과 채식에 대한 소비자의 관심을 반영해 육류뿐만 아니라 우유나 달걀도 식물성 재료로 바뀌고 있기 때문이다. 2019년 인공치킨을 매장에 도입한 KFC, '소시지 없는 소시지' 피자를 낸 피자헛을 비롯해 버거킹, 맥도날드, 던킨, 스타벅스 등 수많은 프랜차이즈 업체들을 통해 관련 메뉴가 꾸준히 확산되고 있다. 이와 함께 동원F&B, 롯데푸드, CJ제일제당처럼 내로라하는 식품 대기업들도 다양한 대체육 제품을 내놓고 있다. 마트나 온라인 쇼핑을 통해 구입할 수 있는 대체육도 많아지면서 바야흐로 새로운 경쟁의 장이 열리고 있다.

그렇다면 '고기 없는 고기' 대체육(大體肉, alternative meat)'은 정말로 실제 고기를 대체할 수 있을까? 아니, 그 전에 정말 고기의 자격을 갖췄다고 볼 수 있을까? 이제부터 대체육에 대해 알아보면서 이 질문에 대한 답을 각자 고민해보자.

유서 깊은 대체 고기 식물육, 날개를 달다

대체육은 말 그대로 기존 고기를 대체하기 위해 인위적으로 만든

KFC가 내놓은 식물육 치킨너깃.
© KFC

수프에 식물육을 사용하는
짜장라면.
ⓒ 농심

승려들의 술과 고기 취식을
금지한 양무제.

고기를 말한다. 크게 식물성 단백질로 만드는 '식물육'과 동물 줄기세포를 배양한 '배양육'으로 나뉜다. 이 중 식물육은 생각보다 역사가 길다. 식물육이라는 거창한 이름보다 '콩고기'라는 정겨운 명칭을 언제 들어봤는지 생각해 본다면, 좀 더 이해가 빠를 것이다.

식물육은 종교적인 이유로 육식을 금지하던 중국 남북조 시대에서 시작됐다. 당시 양나라의 황제였던 양무제(梁武帝)가 '단주육문(斷酒肉文)'이라는 법령을 내리면서 승려들이 술과 고기를 먹는 행위를 금지했는데, 오늘날 사찰음식이라 불리는 채식 위주의 요리법이 이때부터 본격적으로 연구되기 시작한 것이다. 그 과정에서 콩 단백질을 응축한 콩고기 역시 만들어지기 시작했으니, 이는 지금으로부터 약 1500년 전인 511년의 일이다.

이후로도 식물육은 알게 모르게 여러 방면에서 쓰이고 있다. 특히 만인의 간식으로 사랑받고 있는 짜장라면 속 고기가 사실 식물육이라는 것은 알 사람은 이미 알고 있는 상식 중 하나이다. 다만 지금까지 식물육은 일부 채식주의자들의 먹을거리로만 치부돼 온 것이 사실이다.

이런 콩고기가 최근 들어 무섭게 트렌드를 주도하고 있다. 점점 거세지는 웰빙, 동물복지, 친환경 바람을 타고 급속도로 영향력을 확대하고 있다. 특히 주목할 점은 마이크로소프트(MS) 창업자로 유명한 빌 게이츠, 명배우 레오나르도 디카프리오, 미국 힙합의 대부 스눕 독, 테니스 여제 세레나 윌리암스 등 각계 유명 인사들의 투자가 이어지면서 일반인들의 화제를 불러일으키고 있다는 사실이다. 이에 더해 각종 기술 전시회 및 저널에 관련 기술이 소개되면서 식물육 개발은 미래를 이끌어 갈 첨단 푸드테크 산업 아이템 중 하나로 자리매김하고 있다.

대체육 대표업체 '비욘드 미트', 코로나19 시기에 급부상

현재 이 분야에서 가장 앞서 있는 기업은 미국의 동물 애호가인 에단 브라운이 2009년 설립한 비욘드 미트(Beyond Meat)다. 대체육 개발

업체 중 최초의 유니콘 기업(기업가치가 10억 달러를 넘는 신생기업)인 비욘드 미트는 레스토랑, 식품매장, 호텔, 패스트푸드점 등의 전 세계 3만 5000여 매장에 자신들이 개발한 식물육을 공급하고 있다. TGI프라이데이, KFC, 테스코, 그랜드 하얏트 서울처럼 이름만 대면 알 만한 곳들도 상당수다.

미국 로스앤젤레스의 한 지역 식료품점에 진열돼 있는 비욘드 미트 제품들. 비욘드 버거와 비욘드 비프가 눈에 띈다.

비욘드 미트의 대표 제품은 콜레스테롤, 호르몬, 항생제가 들어 있지 않은 것으로 유명한 햄버거 패티 '비욘드 버거(Beyond Burger)'다. 식물 성분으로만 만들었음에도 불구하고 기존 햄버거 패티보다 오히려 단백질과 철분 함량이 높은 것으로 알려져 있다. 육즙을 표현하기 위해 과즙과 코코넛 오일을 첨가할 만큼 디테일에도 많은 신경을 썼다.

비욘드 미트는 비욘드 버거의 성공에 안주하지 않고, 비욘드 비프, 비욘드 소시지 등 관련 제품을 연달아 출시하며 대체육 시장에서 1인자의 위치를 확고히 굳히고 있다.
ⓒ Beyond Meat

2015년 출시된 비욘드 버거를 바탕으로 비욘드 미트는 본격적인 대체육 시장 선점에 나섰다. 이는 해마다 치솟는 매출액만 봐도 알 수 있는데, 2016년 1,620만 달러, 2017년 3,260만 달러, 2018년 8,790만 달러의 가파른 상승세를 기록하고 있다. 더 놀라운 점은 코로나19로 전 세계 요식업이 불황에 시달리고 있음에도 불구하고, 아랑곳없이 상승세를 유지하고 있다는 사실이다. 2020년 1분기 매출액만 9,707만 달러를 기록했는데, 이는 2019년 1분기 매출액의 2.4배다.

특히 해외 시장에서의 선전이 눈부시다. 해외 소매 매출이 1년 만에 50배 넘게 급증했는데, 코로나19로 인한 덕을 톡톡히 봤다는 평가다. 환경에 대한 관심이 높아지면서 대체육을 선택하는 이들이 많아졌고, 진짜 고기보다 장기 보관이 용이하다는 장점은 외출을 꺼리는 이들에게 큰 도움이 됐다. 코로나19 환자 발생으로 인한 기존 육가공업체의 셧다운 역시 호재가 됐다. 우리나라에서도 '비욘드 버거'를 비롯해 '비욘드 비프', '비욘드 소시지' 등 관련 제품을 어렵지 않게 구입할 수 있다.

기술력 앞세운 '임파서블 푸즈'의 추격

임파서블 푸즈의 야심작 임파서블 버거. 고기 특유의 맛을 살리기 위해 노력한 결과. 실제 소고기와 큰 차이를 느끼지 못했다는 후기가 많다.
ⓒ Impossible Foods

비욘드 미트의 대항마로는 미국 스탠퍼드대 출신 생화학자 패트릭 브라운이 2011년 설립한 임파서블 푸즈(Impossible Foods)가 손꼽힌다. 그는 고기 특유의 맛을 살리기 위해 많은 연구를 진행하며, 동물과 식물 모두에서 발견되는 '헴(heme)'이라는 붉은 성분에 집중하기 시작했다. 고기'맛'을 구현하는 결정적 성분이라는 판단에서다. 헴은 혈액 속 헤모글로빈의 색소 부분인데, 콩과 식물의 뿌리혹에도 식물성 헤모글로빈인 레그헤모글로빈(leghemoglobin)이 있다.

임파서블 푸즈 측 설명에 따르면, 고기를 구울 때 나는 특유의 향과 맛은 가열된 헴의 화학적 결합이 깨지면서 발생하는 것이다. 임파서블 푸즈 측은 레그헤모글로빈을 콩 뿌리에서 추출하는 대신 효모에 헴을 만드는 콩 유전자를 추가해 헴을 대량으로 생산하는 기술을 확보했다. 이로써 2016년 '비욘드 버거'에 대항하는 '임파서블 버거'를 시장에 내놓는 데 성공했다.

또한 임파서블 푸즈는 현재 분자 연구를 바탕으로 고기 특유의 지글지글 익는 소리나 향 등을 그대로 재현하는 것에 관련된 특허기술을 수백 건 획득한 것으로 알려져 있다. 실제 관련 기술은 높은 평가를 받고 있다. 2020년 초 열린 세계 최대 IT·가전 전시회인 '소비자 가전 전시회(Consumer Electronics Show, CES) 2020'에서 '올해의 CES 5대 기술'에 선정됐을 정도이다. 과감하게 채식주의자를 넘어 '고기를 좋아하는 사람들'을 타깃으로 삼은 임파서블 푸즈의 판매 전략은 이런 기술에 대한 자부심에서 비롯된 것이다.

임파서블 푸즈의 식물육을 이용해
요리를 내놓는 싱가포르의 한 식당.
ⓒ Impossible Foods

이렇게 진보된 기술을 바탕으로 임파서블 푸즈는 고급 레스토랑에서부터 버거킹까지 다양한 매장에 제품을 공급하면서 비욘드 미트에 이어 2인자의 위치를 공고히 하고 있다. 현재 전 세계 1만 7000여 곳의 매장에 진출했으며, 그 가능성을 인정받아 지금까지 15억 달러의 투자를 유치했다. 이 중에 빌 게이츠는 물론 팝스타 케이티 페리, 힙합 거장 제이지 등 유명 인사들이 다수 있어 많은 관심을 모으기도 했다.

이 밖에도 다국적 식품기업 네슬레, 세계 2위 고기 가공업체 타이슨 푸드, 심지어 요식업과 전혀 관련 없을 것처럼 보이는 가구업체 이케아까지 식물육 제품 개발에 뛰어들면서 경쟁은 더욱 치열해지고 있다. 당연히 세계 식물육 시장 규모는 폭발적으로 성장해 2018년 119억 달러 수준에서 2025년엔 212억 달러에 이를 것으로 전망된다(지온마켓리서치 조사 결과).

실험실에서 줄기세포로 만든 '배양육'

그렇다면 대체육의 두 번째 종류인 '배양육'은 어떨까. 전통의 강자인 식물육에 비하면 아직까지는 찻잔 속의 태풍에 가깝다. 시장 형성은 고사하고 제대로 된 제품 상용화조차 본격적으로 이뤄지지 않았기 때문이다. 하지만 배양육에 대한 사람들의 기대는 줄어들지 않고 있다. 식물 단백질로 흉내 낸 '가짜 고기(fake meat)'가 아니라 실제 줄기세포

실험실에서 줄기세포를
배양해 만든 '배양육'을
검사하고 있다.

배양을 통해 '진짜 고기'만이 가지는 풍미를 경험할 수 있어서다. 고기 특유의 느낌을 내기 위해 좀 더 많은 첨가물을 넣어야 하는 식물육과 다르다는 점도 사람들이 배양육을 기대하는 이유 중 하나다.

그런데 어떻게 인공적으로 고깃덩어리를 만들 수 있을까. 원리 자체는 간단하다. 가축의 조직에서 얻은 줄기세포를 실험실에서 배양하고 이를 분화시켜 식용 고기를 생산하는 것이다. 최종적으로 얻어진 근섬유를 성장시키기 위해서는 보통 전기 자극을 가한다. 줄기세포는 기본적으로 여러 종류의 조직으로 분화할 수 있는 미분화 세포이기 때문에 이론적으로는 원하는 종류의 고기와 부위를 적절한 형태로 배양할 수 있다. 특히 식물육으로 어느 정도 맛과 풍미를 재현하기 시작한 소고기보다 참치, 연어처럼 관련 연구가 더딘 해산물 분야에서 더욱 활발하게 이용될 것으로 보인다.

이 때문에 미래에는 배양육이 식물육을 제치고 대체육 시장을 선도할 것이라는 예측이 나온다. 대표적인 것이 글로벌 컨설팅 전문업체 AT커니가 내놓은 전망인데, 2040년에는 배양육이 전 세계 육류 시장의 35%를 차지할 것이라고 한다. 같은 시기, 이 회사가 예측한 식물육의 비중은 25% 수준이다.

배양육 '밝은 미래'… 넘어야 할 난관은?

관건은 가격이다. 세포 배양에 필수적인 배양액 가격이 높기 때문이다. 2013년 네덜란드의 스타트업 모사 미트(Mosa Meat)가 최초로 선보인 햄버거 패티의 가격은 무려 25만 유로에 이른다. 우리 돈으로 환산하면 3억 원이 가볍게 넘어가는 금액이다. 당시 이들이

배양육을 만드는 모사 미트 시설.
세포 배양에 필수적인 배양액
관리도 중요하다
ⓒ Mosa Meat

사용했던 배양액에는 소 태아 혈청이 쓰였는데, 그 값이 비쌀뿐더러 동물에게 고통을 준다는 문제까지 있었다. 모사 미트는 이후 수많은 연구를 통해 대체 배양액을 개발하며 약 500유로 수준으로 가격을 낮췄다. 일반 패티 가격에 비하면 여전히 비싸지만, 초창기에 비해서는 500분의 1로 절감하는 데 성공한 것이다. 모사 미트 측은 조만간 9유로 수준으로 가격대를 낮춘다는 계획을 갖고 있다. 이들의 최종 목표는 패티 1개당 1유로다.

기자 간담회에서 모사 미트
관계자가 햄버거 패티를 굽는
시연을 하고 있다.
ⓒ Mosa Meat

2017년 배양육 치킨과 오리고기를 선보인 멤피스 미트(Memphis Meats) 역시 비슷한 고민에 빠져 있다. 당시 첫 시제품의 가격은 개당 2,500달러였다. 이 역시 수많은 연구 끝에 10분의 1 수준인 250달러까지 가격을 낮췄음에도 여전히 시장성은 떨어지는 것이 사실이다.

시간 역시 아직은 배양육 확산의 걸림돌이다. 세포 배양 자체에 많은 시간이 걸리기 때문이다. 미국 스타트업 저스트(JUST)가 2019년에 내놓은 치킨너깃의 경우 1조각을 만드는 데 무려 2주가 소요된다.

이렇게 많은 시간이 투입되면서, 그 생산에 들어가는 에너지의 양역시 늘어나기 마련이다. 이는 대체육 최고의 장점 중 하나인 '친환경'에도 악영향을 주는데, 온실가스 저감 효과가 생각만큼 크지 않다는 뜻이다. 연구에 따라 조금씩 차이는 있지만, 일반적으로 대체육을 도입하

2017년 멤피스 미트가 선보인
배양육 치킨.
© Memphis Meats

면 온실가스 배출량이 10분의 1 수준으로 떨어질 것으로 보인다. 전체 온실가스의 14.5%가 축산업에서 나온다는 사실을 감안한다면, 대체육이 미래 기후변화 대응에 큰 역할을 담당할 것이라는 사실을 짐작할 수 있다. 여기에 반기를 든 것이 영국 옥스퍼드 마틴 스쿨의 존 리치 박사 연구진이다. 이들은 소가 배출하는 메탄가스가 12년 동안만 대기에 머무는 데 비해, 배양육 제조 과정에서 생겨나는 이산화탄소는 1000년간 머물 수 있기에 장기적으로 손해라는 분석을 내놨다.

물론 기술 발전으로 인한 시간 단축, 친환경 에너지 생산 등을 통해 리치 박사 연구진의 분석을 뒤집을 가능성은 충분하다. 결국 중요한 점은 가격만큼이나 시간을 단축하는 것 역시 배양육 활성화의 핵심 과제라는 사실이다.

이 밖에도 기존 축산 및 낙농업자들의 견제, 제대로 된 관련 법령과 규정 마련, 대량 생산 체계 구축, 국민의 인식 개선 등이 대체육 성공을 위한 도전과제로 남아 있다. 특히 대중성을 확보하기 위해 지속적인 노력을 기울여야 할 것으로 보인다.

3D 프린터로 찍어내는 고기, 맛 보장할까

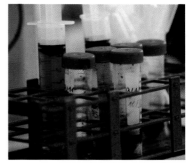

리디파인 미트는 별도로 제작한 대체근육, 대체지방, 대체혈액을 각각 3개의 카트리지에 담고 마블링, 육즙, 식감 등을 실감 나게 재현하는 데 성공했다.
© Redefine Meat

그런 의미에서 색다른 방법으로 대중성을 얻기 위한 최근의 시도는 매우 반갑다. 그중 하나가 각종 공작물을 만드는 데 주로 쓰였던 3D 프린팅 기술을 대체육 생산에 활용하는 방안이다. 다소 황당해 보이는 발상이지만, 실제로 꽤나 성공적이라는 것이 이를 접한 여러 전문가와 언론의 평가다. 이스라엘의 스타트업 리디파인 미트(Redefine Meat)가 이 분야의 대표 주자다. 이 회사는 얼마 전 3D 프린터로 스테이크를 생산하는 모습을 공개했는데, 스테이크 하나를 생산하는 데 드는 시간은 1분을 조금 넘는 수준이었다. 특히 해당 스테이크가 주목받은 점은 3D 프린팅 작업을 통해 근육의 구조를 실감 나게 재현했다는 점이다. 리디파인 미트 측은 이를 위해 요리사, 고기 전문가, 향 전문가, 엔지니어 등이 머리를 모았다고 밝혔다.

또한 근육, 지방, 혈액을 완벽하게 대체하기 위해 별도 제작한 대체근육, 대체지방, 대체혈액을 각각 3개의 카트리지에 담았다. 이를 바탕으로 마블링, 육즙, 식감 등 실제 고기의 요소를 실감 나게 재현한 결과, 시식 인원 중 80%가 실제 고기와 차이를 느끼지 못했다고 한다.

레전더리 비시에서 3D 프린팅을 통해 개발한 연어 살코기. 진짜 연어 같은 느낌이 든다.
© Legendary Vish

해산물 분야에서도 3D 프린팅은 주목받고 있다. 연어 살코기를 개발하는 중인 오스트리아 스타트업 레전더리 비시(Legendary Vish), 바닷물고기 부시리의 근육 조직에서 줄기세포를 추출하고 배양해 생선 살코기를 개발한 미국 스타트업 블루날루(BlueNalu) 등이 대표적인 관련 기업으로 꼽힌다. 이 중 블루날루는 풀무원과 협약을 맺고 국내 진출을 시도하고 있어 귀추가 주목되는 곳이기도 하다.

한편 스페인의 스타트업 노바미트(NovaMeat)는 좀 더 대중 친화적인 기술을 도입했다. 캡슐형 커피머신을 이용하듯 손쉽게 고기를 인쇄할 수 있는 '캡슐 고기' 제작에 나선 것이다. 부담스럽지 않은 크기의 전용 3D 프린터와 식물성 재료로 이뤄진 단백질 캡슐만 있으면 가정집에서도 손쉽게 대체육을 만들어 먹을 수 있다. 이미 스테이크나 닭다리

노바미트는 캡슐형 커피머신과
비슷한 대체육 제작용 3D 프린터를
개발했다. 식물성 재료로 된 단백질
캡슐을 넣어주면 가정에서도 쉽게
대체육을 만들 수 있다.
ⓒ NovaMeat

캡슐 시제품이 나왔으며 앞으로 양, 돼지, 연어 등 다양한 단백질 캡슐
이 개발되고 있다.

무엇보다 편의성이라는 측면에서 노바미트의 시도는 높은 평가를
받고 있다. 이 때문에 해당 기계를 빠르게 식당에 진출시키겠다는 노바
미트의 목표는 의외로 성공 가능성이 있어 보인다. 바야흐로 고기를 실
시간으로 뽑아먹는 인스턴트 고기의 시대가 열리는 것이다.

대체육, 온실가스 저감하고 건강에도 좋아

이렇게 전 세계적으로 대체육을 향한 다양한 시도가 끊임없이 이
뤄지고 있다. 이와 함께 수많은 투자자의 등장과 관련 기술의 발전은 대
체육의 확산을 더욱 부채질할 것으로 보인다. 실제 대체육 시장 규모는
갈수록 성장하고 있다. 시장조사업체 유로모니터에 따르면 2013년 137
억 3,000만 달러였던 관련 시장은 2018년 186억 9,000만 달러에 이르
렀다. 2040년경에는 대체육 시장이 실제 육류 시장을 넘어설 것이라는
예측도 있다.

그런데 이렇게 고기 아닌 고기에 많은 이들이 열광하는 까닭은 무엇일까? 단순히 '친환경'이라는 단어로 설명하기엔 너무나도 많은 이유가 있다. '고기 아닌 고기'가 우리에게 가져다 주는 진정한 가치를 자세히 알아보자.

첫 번째는 지구 온난화 방지책 중 하나다. 축산업이 전체 온실가스 배출에서 차지하는 비중은 14.5%로 적지 않은데, 이 중 약 3분의 2가 소를 키우는 과정에서 배출된다. 특히 소가 소

대체육은 건강에 좋고 온실가스 감축에도 기여할 수 있다. 사진은 멤피스 미트에서 개최한 대체육 시식행사.
ⓒ Memphis Meats

화 과정에서 배출하는 메탄가스가 문제이다. 메탄의 온실효과가 이산화탄소의 20배를 가볍게 넘기 때문이다. 소를 키우는 데 들어가는 식량 역시 꽤나 비효율적이다. 일반적으로 소의 체중 1kg을 늘리는 데 필요한 먹이는 10kg 정도이다. 이 때문에 소고기의 온실가스 배출 밀도는 닭의 10배, 콩의 100배 수준이다. 소고기 대신 콩으로 만든 식물육을 먹는다면, 온실가스를 100분의 1로 덜 배출하게 되는 셈이다. 여기에 소를 키우는 데 필요한 토지와 물, 배설물을 처리하는 비용까지 생각해보면 소고기는 환경에 꽤나 부담을 주는 음식이 아닐 수 없다. 그렇다고 스테이크의 매력 또한 포기할 수 없는 많은 이들에게 대체육은 충분히 매력적인 대안이 될 수밖에 없겠다.

건강 측면에서도 대체육은 긍정적인 평가가 나온다. 트랜스 지방처럼 몸에 좋지 않은 성분을 줄이는 대신 철분, 섬유질처럼 좋은 성분을 넣음으로써 좀 더 건강한 식단을 유지할 수 있기 때문이다. 단백질 제공이라는 육류의 가장 큰 역할 역시 기본적으로 충족한다.

실제 8주씩 식단을 바꿔가며 실험한 결과, 식물육을 섭취한 인원이 실제 고기를 섭취한 인원보다 심장 질환을 발생시키는 저밀도 콜레스테롤(LDL 콜레스테롤) 수치와 체중이 줄었다는 연구 결과도 있다. 다만 염분이 다소 높거나, 각종 첨가물이 많이 들어간다는 비판 역시 존재하므로 대체육을 개선하기 위해 꾸준한 연구개발도 필요하다.

현재 많은 논란이 되고 있는 밀집 사육, 대량 도축 시스템의 근본적 개선도 대체육이 가져올 장점으로 볼 수 있다. 동물 복지 및 생명 윤리 논란을 떠나서 밀집 사육 시스템은 항생제 및 성장 호르몬 과다 투여라는 문제와 함께 인수공통전염병의 확산 등을 유발할 수 있기에 우리의 건강과도 밀접한 연관이 있다. 몇 년 전 국내를 떠들썩하게 만들었던 살충제 계란 파동은 밀집 사육이 얼마나 우리 건강을 위협할 수 있는지 잘 알려주는 사례다.

해산물도 마찬가지이다. 우리가 즐겨 먹는 여러 생선에는 중금속이나 오염물질이 들어 있을 가능성이 있다. 특히 해양 먹이사슬 상층에 있는 참치에는 배출되지 않은 수은 등이 있기에 식품의약품안전처 등에서는 일반 어류와 참치통조림에 대한 적정 섭취량을 제시하기도 했다. 일주일 기준으로 임산부는 참치 통조림을 400g, 1~2세 유아는 100g, 3~6세 어린이는 150g, 7~10세까지의 어린이는 250g 이하로 섭취하는 것이 좋다. 이 외에도 기존 고기보다 유통 구조가 간단하고 추적이 쉽기에 전반적인 식품 안전성까지 좀 더 확보할 수 있다는 평가다.

식량 부족 해결할 구세주 될까

무엇보다 대체육이 각광받는 이유는 전 인류의 문제인 식량 부족 때문이다. 2020년 11월 기준으로 전 세계 인구는 78억 명을 넘어서고 있다. 늘어나는 인구만큼이나 고기 소비 또한 가파르게 늘고 있다. 유엔 식량농업기구(FAO)는 이에 대해 최소 2배 이상의 육류를 생산해야 한다는 전망을 내놓기도 했는데, 연간 5억 톤에 달하는 어마어마한 양이 필요하다는 뜻이다.

당연히 생산효율이 낮은 기존 축산업으로는 이를 감당하기 힘들다. 당장 전 세계 경작지의 3분의 1가량이 가축 사료 경작에 쓰이고 있는 것이 현실이다. 이에 더해 과도한 육식으로 온실가스가 증가하고, 이는 다시 경작지를 축소시키는 기후변화를 가져오는 악순환이 시작될 가

앞으로 대체육이 보통 고기만큼
보편화될지 모른다. 사진은
식품매장에 진열돼 있는 임파서블
푸즈의 식물육 제품.
© Impossible Foods

능성도 충분하다. 2017년 유럽과학한림원연합회(EASAC)에서 많은 이
들의 영양실조를 경고하는 보고서를 발표하며, 대체육 개발에 주목한
것도 이런 이유 때문이다.

결과적으로 대체육, 특히 토지 효율이 극도로 높은 배양육의 발전
이야말로 이런 식량 위기를 해결하는 최적의 대안으로 손꼽히는 것은
어찌 보면 당연한 일이다. 대체육은 3D 프린터로 마블링을 구현하고 육
즙까지 각종 오일을 이용해 구분이 안 되는 수준으로 재현하며 이미 우
리들의 미각을 만족시킬 만큼 발달하고 있다. 게다가 단백질 제공이라
는 기본적 역할을 넘어 영양학적으로 좀 더 균형 잡힌 음식이 되고 있으
며, 궁극적으로 인류의 미래를 위해 언젠가 우리 모두의 식탁에 올라야
하는 존재가 된 것이다.

비록 시작은 '가짜'와 '흉내'에 불과했지만, 어느새 진짜 고기가 요
구하는 조건을 대부분 갖추었기에 대체육은 '진짜'의 자격을 갖추었다
고 하겠다. 언젠가 정말 대체육이 진짜 고기를 뛰어넘는 날엔 '대체육'
이 아니라 그냥 고기 자체로 자리매김하지 않을까. 호사가들의 말마따
나 '진짜 동물의 살점으로 만든' 고기 요리는 일부 계층의 취향으로만 남
는 그런 날이 올지도 모른다.

4

ISSUE **생명윤리**

낙태 허용 논란

강규태

◆◆◆

포스텍 생명과학과를 졸업하고 서울대학교 과학사 및
과학철학 협동과정에서 과학철학 석사학위를 받았다.
석사논문은 과학적 실재론 논쟁에 대해 썼고, 현재 같은
과정의 박사과정에서 생명과학철학 · 심리철학 분야를
공부하고 있다. 생명과학이 인간의 마음에 대해 어떤 것
을 알려줄 수 있는지에 대해 관심을 갖고 있는데, 특히
생명과학에서 쓰이는 기능 개념을 이용해 심적 상태의
지향성을 자연주의적으로 해명하는 이론을 중점적으로
연구할 계획이다.

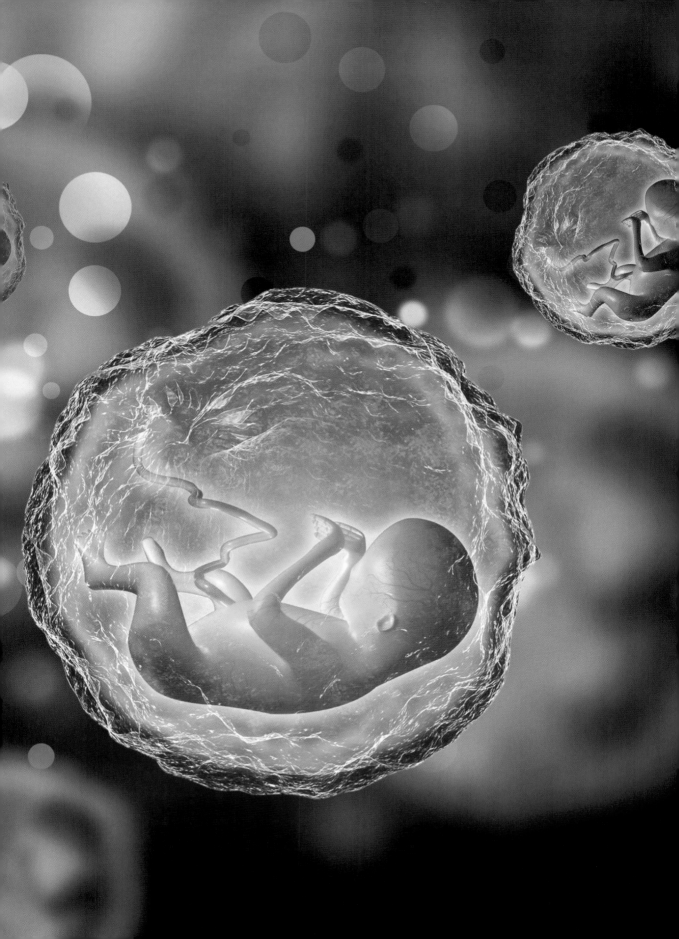

ISSUE 4

낙태, 임신 14주까지 허용한다?

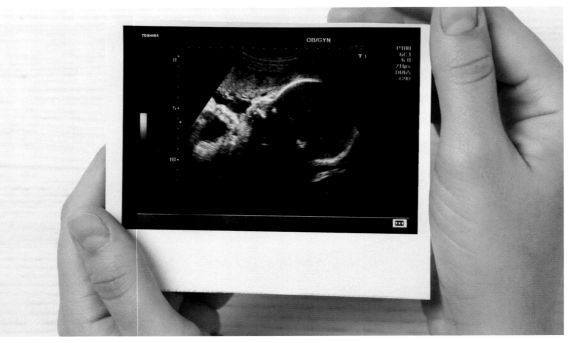

탁자 위에 놓인 태아의 초음파 사진.

1953년 제정된 이후 70년 가까이 존속했던 낙태죄가 2021년 1월 1일부로 폐지됐다. 이전에는 형법 제269조에 의거해 낙태가 범죄로 규정돼 있었으나, 헌법재판소는 2019년 4월 11일 낙태죄가 헌법에 어긋난다는 '헌법불합치' 결정을 내렸다. 헌법재판소는 2020년 연말까지 해당 법 조항을 개정하도록 규정했지만, 2020년 12월 31일까지 법 개정이 이뤄지지 않아 자동 폐지된 것이다.

사실 낙태죄가 폐지되기 전에도 우리나라에서 낙태에 대한 처벌은 거의 이뤄지지 않고 있었다. 우리나라의 한 해 낙태 건수는 수만 건에 달하는데, 실제로 낙태죄로 기소된 경우는 매년 10명 내외에 불과했다. 그럼에도 낙태죄가 공식적으로 폐지된 일은 커다란 의미를 가진다.

우선 낙태죄 폐지는 낙태에 대한 인식이 변화하는 데 영향을 끼칠 수 있다. 이전부터 처벌 집행이 거의 이뤄지지 않고 있었다고 해도, 낙태는 법적으로 범죄로 규정돼 있었으므로 원칙적으로는 범죄로 인식됐다. 하지만 낙태죄 폐지로 인해 이런 인식이 약화될 수 있다. 또한 앞으로 낙태 시술과 관련된 각종 법과 제도가 새롭게 정비될 것으로 보인다. 기존에는 낙태가 원칙적으로 불법이므로 낙태 시술이 음성적으로 시행되면서 각종 의료 문제를 일으켰지만, 이제 그런 문제를 해결하는 법과 제도가 정립될 수 있게 됐다.

그러나 한편에서는 낙태죄를 부활시켜야 한다는 주장도 나오고 있어 낙태죄 폐지를 둘러싼 논쟁은 아직도 진행 중이다. 낙태를 계속 금지해야 한다는 입장에서 특히 강조하는 것은 태아의 생명권이다. 태아는 아직 태어나지 않았을 뿐 하나의 생명이기 때문에, 출생한 사람과 마찬가지로 태아의 생명권은 보호받아야 한다는 주장이다.

그렇다면 태아의 생명권은 여성이 자신의 삶을 스스로 결정할 수 있는 자기결정권보다 더 존중받아야 하는가? 애초에 태아에게 생명권은 언제부터 주어지는가? 과학이 이 질문들에 대해 완전한 답을 줄 수는 없지만, 많은 사람은 그 답이 과학적 지식을 통해 어느 정도 뒷받침돼야 한다고 생각한다. 따라서 태아의 성장 과정에 대해 과학적으로 밝혀낸 사실을 알아보는 일은 이 문제에 접근하는 하나의 출발점이 될 수 있다. 그러면 우선 수정부터 출산에 이르기까지 태아가 어떻게 성장하는지 알아보자.

수정부터 착상까지

사람은 정자와 난자가 만나 생성된 수정란 상태에서 시작해, 약 38주간의 태아기를 거쳐 출생한다. 이 기간에 태아의 각종 신체 기관이 발달하면서 태아가 출생 후에도 생존할 수 있는 능력이 갖춰진다. 그런데 태아의 모든 신체 기관이 균일한 속도로 발달하는 것은 아니다. 그러

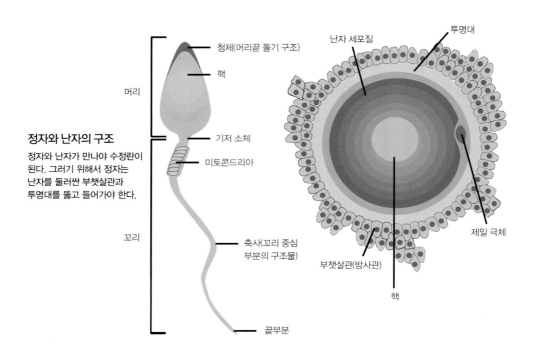

정자와 난자의 구조
정자와 난자가 만나야 수정란이
된다. 그러기 위해서 정자는
난자를 둘러싼 부챗살관과
투명대를 뚫고 들어가야 한다.

머리
꼬리

첨체(머리끝 돌기 구조)
핵
기저 소체
미토콘드리아
축사(꼬리 중심
부분의 구조물)
끝부분

난자 세포질
투명대
제일 극체
부챗살관(방사관)
핵

므로 여기서는 태아의 발달 과정을 몇 단계로 나누고, 단계별로 특징적
인 점을 살펴보자.

태아의 발달 과정을 얘기하기 전에 한 가지 염두에 둘 것이 있다.
통상적으로 말하는 임신 기간과, 수정 후 실제로 지난 기간은 차이가 있
다는 점이다. 임신 기간은 마지막 월경일에서 지난 기간을 말하는데, 실
제로는 마지막 월경일에서 약 2주 후에 난자가 배란되기 때문에 수정이
이뤄진 시점은 마지막 월경일에서 약 2주 후다. 따라서 보통 얘기하는
임신 기간과 수정 후 지난 기간은 2주 정도 차이가 있다. 예를 들어 '임
신 10주 차'라고 하면, 실제로는 수정된 후 8주가 지났다는 뜻이다.

여성의 월경주기 동안 일반적으로 두 난소 중 하나에서 난자가 배
출된다. 그리고 배출된 난자가 정자와 만나면 수정이 이뤄진다. 수정은
정자가 난자 안으로 들어가 정자의 핵과 난자의 핵이 융합되는 과정이
다. 정자의 핵에는 아버지의 유전 물질이, 난자의 핵에는 어머니의 유전
물질이 들어 있기 때문에 두 핵이 만나 수정되면 아버지와 어머니의 유
전자를 반반씩 물려받은 수정란이 생긴다.

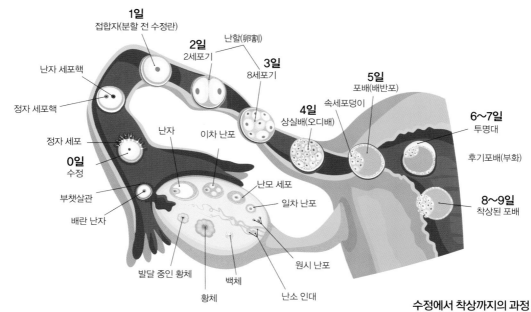

정자 세포핵

난자 세포핵

1일
접합자(분할 전 수정란)

2일
2세포기

난할(卵割)

3일
8세포기

4일
상실배(오디배)

속세포덩이

5일
포배(배반포)

6~7일
투명대

후기포배(부화)

8~9일
착상된 포배

정자 세포

난자

이차 난포

0일
수정

부챗살관

배란 난자

난모 세포

일차 난포

원시 난포

발달 중인 황체

백체

황체

난소 인대

수정에서 착상까지의 과정

수정란은 수란관을 통해 자궁으로
이동하면서 세포 분열을 거듭하는데,
여러 개의 세포로 분열한 상태를
'포배(배반포)'라고 한다. 포배가
자궁벽에 부착되면 착상이 된다.
이때가 임신의 시작점이다.

정자가 난자 안으로 들어가기 위해서는 난자를 둘러싸고 있는 부챗살관(방사관)과 투명대를 뚫어야 한다. 부챗살관과 투명대는 수정되기 전까지 난자를 외부 충격에서 보호해주는데, 정자 입장에서는 난자와 융합하는 것을 막는 방해물이다. 그래서 정자는 부챗살관과 투명대를 녹이는 다양한 효소를 방출한다. 난자 역시 정자가 부챗살관과 투명대를 녹이는 것을 도와주는 효소를 분비한다. 이런 노력 끝에 정자 하나가 난자와 수정되면, 순식간에 투명대의 구조가 바뀌어서 더 이상 다른 정자가 들어갈 수 없다.

이렇게 생성된 수정란은 수란관을 통해 자궁으로 이동한다. 수정란이 자궁으로 이동하는 데는 3~5일 정도가 걸리며, 그동안 하나의 세포로 이뤄져 있던 수정란은 세포 분열을 거쳐 여러 개의 세포로 늘어난다. 수정 후 약 30시간이 지날 무렵 두 개의 세포로 분열하는 것으로 시작해, 자궁에 도착할 무렵에는 대개 세포 수가 16개로 늘어난다.

수정란은 자궁에 도착해서도 세포 분열을 거듭해, 수정 후 6일 정도 지나면 세포 수가 100개 정도가 된다. 이렇게 수정란이 여러 개의 세포로 분열한 것을 '포배(배반포)'라고 하는데, 포배는 세포가 바깥면을 이루고 속은 비어 있는 공 모양을 이루고 있다. 또한 포배에는 세포 여러 겹으로 된 두꺼운 부분과 세포 한 겹으로 된 얇은 부분이 있다. 이 중에서 두꺼운 부분이 자궁벽에 부착되는데, 포배가 자궁벽에 부착되는 일이 '착상'이다. 일반적으로 착상을 임신의 시작점으로 본다. 착상 이후 배아는 모체에서 산소와 영양을 공급받으면서 성장한다.

착상 이후 임신 12주 차까지

착상 후에도 당분간은 산모 스스로 임신을 했다고 느끼기 힘들다. 하지만 착상 후부터 모체에서 임신이 지속되게 하는 역할을 하는 융모성 성선 자극 호르몬(hCG)이 나오므로 검사를 통해 임신 여부를 확인할 수 있다. 흔히 사용하는 임신 테스트기가 바로 hCG를 소변에서 검출해 착상 여부를 확인하는 것이다.

착상된 배아는 세포 분열을 거듭하면서 점차 여러 부분으로 나뉜다. 수정 후 3주 정도가 지나면 배아 내의 세포가 여러 개의 층을 이루는데, 외배엽(ectoderm), 중배엽(mesoderm), 내배엽(ednoderm)이 그것이다. 여기서 '엽'이라는 말은 잎 엽(葉)으로, 세포가 마치 나뭇잎 같은 모양으로 하나의 층을 이루고 있다는 뜻이다. 각각의 배엽은 임신 5주 차 이후 점점 서로 다른 신체 기관으로 발달한다. 외배엽은 신경계와 피부로, 중배엽은 근육, 혈관, 생식기로, 내배엽은 위장관과 호흡기로 각각 발달한다.

배엽이 생긴 뒤 배아의 각종 신체 기관이 본격적으로 형성되기 시작한다. 외배엽에서 발달한 신경관은 임신 6주 무렵 뇌와 척수로 발달하기 시작한다. 또한 중배엽에서 생성된 혈관이 합쳐져 심장이 되는데, 심장은 아직 기본적인 형태만 있지만 수축과 이완을 반복하면서 혈액을 순환시키기 시작한다. 임신 6~12주 차에는 심장 외에도 위, 창자, 신장 등 다른 내부 기관도 형성되기 시작한다.

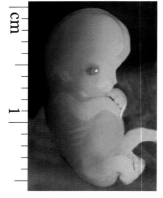

수정 후 7주가 지난 태아(임신 9주 차의 태아). 얼굴에서 입, 귀, 코가 구분되고, 특히 눈이 두드러진다.
© GoldenBear/Life Issues Institute

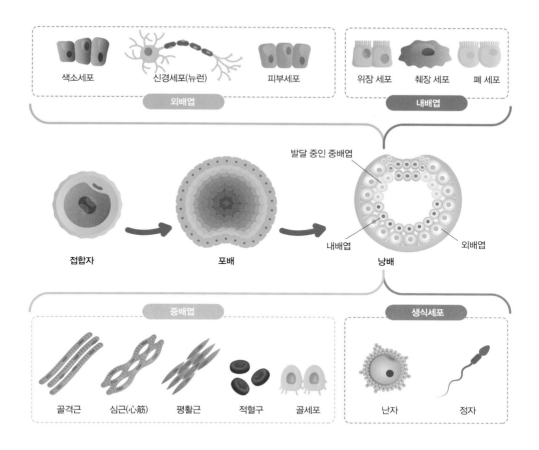

색소세포	신경세포(뉴런)	피부세포
외배엽		

위장 세포	췌장 세포	폐 세포
내배엽		

발달 중인 중배엽

내배엽 외배엽

접합자 포배 낭배

골격근	심근(心筋)	평활근	적혈구	골세포
중배엽				

난자	정자
생식세포	

이 시기에 외형적으로는 얼굴에서 입, 귀, 코가 구분되면서 얼굴이 형성된다. 특히 눈의 발달이 두드러지는데, 눈에 색소가 모이기 때문에 검은 점으로 나타난다. 또한 렌즈 역할을 하는 수정체를 비롯한 눈의 내부 구조도 형성되기 시작한다. 뒤이어 눈꺼풀이 생겨 눈을 덮는다. 다만 아직 눈꺼풀은 눈을 덮고 있기만 할 뿐 눈을 깜박일 수는 없고, 임신 24주 정도는 돼야 눈꺼풀이 분리되어 눈을 깜박일 수 있다.

이 시기에는 팔다리도 돌기처럼 자라난다. 여기서 특이한 점은 손이나 발에서 손가락이나 발가락이 처음부터 나뉘어 있지 않고 한 덩어리로 자라난다는 것이다. 나중에 이 덩어리에서 손가락이 될 부분 사이사이의 세포가 '세포 자살(apoptosis)' 과정을 거쳐 사라지면서 손가락이 나뉜다. 발가락도 같은 과정을 겪는다.

한편 손가락마다 길이와 모양이 제각각인 이유는 각 부분에 포함

착상된 배아의 구조와 그 이후

착상된 배아는 세포 분열을 거쳐 수정 후 3주쯤 뒤 크게 외배엽, 중배엽, 내배엽으로 나눠진다. 각 배엽은 서로 다른 신체 기관으로 발달한다.

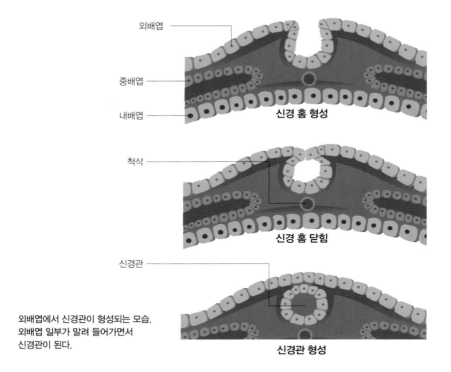

외배엽

중배엽

내배엽

신경 홈 형성

척삭

신경 홈 닫힘

신경관

외배엽에서 신경관이 형성되는 모습.
외배엽 일부가 말려 들어가면서
신경관이 된다.

신경관 형성

되어 있는 신호 전달 물질의 양이 다르기 때문이다. 손가락의 길이를 결정하는 신호 전달 물질은 유명 게임 캐릭터 이름과 같은 '소닉 헤지호그'란 단백질이다. 이 단백질이 많은 부분은 새끼손가락이 되고 적은 부분은 집게손가락이 된다.

이렇게 배아기에 신체 기관들이 발달하기 시작해 임신 12주 무렵이면 기본적인 형태로나마 대부분의 신체 기관이 형성된다. 또한 이 무렵 엉덩이 부분에 있는 꼬리 같은 부분도 사라져서 몸 전체적으로 출생한 아기와 유사하게 된다. 따라서 이 시점을 기준으로 배아기와 태아기를 나누게 된다. 즉 배아기는 기본적인 신체 기관들이 형성되는 시기, 태아기는 그 신체 기관들이 성숙하고 발달하는 시기라고 할 수 있다.

임신 13주 차부터 출산까지

임신 12주 차를 넘어가면 태아가 급속도로 성장한다. 먼저 외형적으로 목이 길어지며 턱이 생긴다. 얼굴 옆면에 있던 눈은 얼굴 정면으로 모이고, 뺨에는 살이 오르며 얼굴 모양이 뚜렷해진다. 팔다리도 점점 길어지고, 관절이 형성되어 구부릴 수 있게 된다. 몸 전체를 덮는 솜털과 머리카락 역시 이 시기부터 자라기 시작하고, 손톱과 발톱도 만들어진다. 14주 무렵에는 생식기가 발달하면서 성별 구분이 확실해진다.

신체 내부에서도 각종 기관이 계속 성장하고, 목 부분에 있던 폐와 심장이 가슴 부분으로 내려가며 제자리를 잡는다. 신체는 전반적으로 튼튼해진다. 예를 들어 물렁뼈였던 태아의 뼈가 점차 단단해지기 시작하고, 근육도 점점 발달한다. 몸에 지방도 생기기 시작하는데, 지방은 태아의 체온 조절과 신진대사에 중요한 역할을 한다.

신경계와 감각 기관 또한 발달하면서 다양한 변화가 생긴다. 먼저 뇌가 발달하면서 손가락을 입에 넣고 빨기도 하는 식으로 사지를 제어할 수 있게 된다. 특히 뇌에서 감정을 담당하는 부위인 간뇌가 발달하는데, 이 무렵부터 태아가 간단한 감정을 느끼기 시작하는 것으로 추정된다. 또한 귓속의 뼈가 단단해지면서 청각이 크게 발달하며, 눈에서는 망막이 발달해 빛에 반응하기 시작한다. 미각 역시 이 시기부터 발달하기 시작한다. 임신 19~23주 차는 겉모습과 내부의 신체 기관 모두 발달하면서 신생아의 모습과 가까워지는 시기이다. 특히 22~23주 무렵이 되면 모체 밖에서도 각종 의료 처치를 동원하면 생존할 가능성이 있다. 이 시기에 먼저 얼굴에서는 입술의 구분이 뚜렷해지고 눈썹과 눈꺼풀이 제자리를 잡는다. 눈꺼풀은 위아래로 분리되기 때문에 드디어 눈을 떴다가 감았다 할 수 있다. 입에서는 치아의 싹이 나타난다. 몸 전체는 골격이 완전히 형성되어 큰 뼈들을 뚜렷이 구분할 수 있다.

뇌와 감각 기관도 크게 발달한다. 덕분에 태아가 얼굴을 찡그리거나 눈동자를 움직이는 식으로 표정이 다양해진다. 신체 내에서도 소화 기관이 발달하면서 태아가 양수를 삼켜 수분과 당분을 흡수하기도 한다. 또한 피부 표면에서는 '태지'라고 불리는 지방 성분이 분비된다. 태지는 출산 시까지 계속 분비되면서 태아의 몸을 보호하고, 출산 시 태아가 산도를 잘 통과하도록 하는 윤활유 역할도 한다. 이즈음부터는 산모

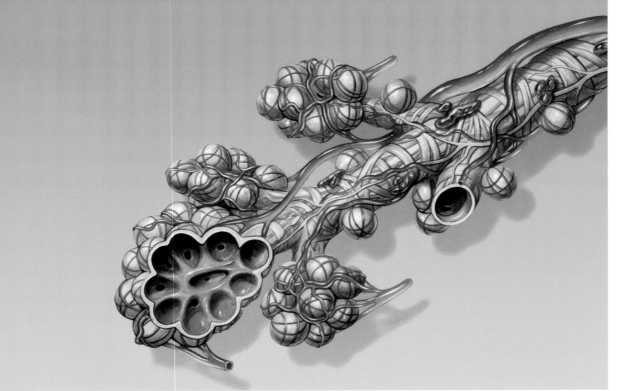

폐포와 폐포를 둘러싼 혈관.
© Patrick J. Lynch

가 태아의 움직임을 느낄 수 있다.

임신 24~28주 차에는 폐가 발달하면서 출생 이후 호흡에 대비한다. 특히 호흡에서 중요한 역할을 하는 태아의 폐포(허파 꽈리)가 점차 발달하고 폐포 주위에 혈관이 늘어난다. 폐포는 폐 속의 작은 단위인데, 폐포에서 주변의 혈액으로 산소가, 혈액에서 폐포로 이산화탄소가 이동한다. 한편 이 시기에는 청각이 발달해 태아가 바깥에서 들리는 소리에 민감하게 반응한다. 또 이전까지는 매우 투명했던 피부가 점점 불투명해지기 시작하고, 피하지방이 증가하면서 몸에 주름이 없어진다.

임신 29~37주 차에는 태아의 시각이 거의 완성된다. 눈동자가 완성되고 태아가 완전히 눈을 뜰 수 있게 되면서, 눈의 초점을 맞추는 연습이나 눈을 뜨고 감는 연습을 한다. 자궁 안으로 들어오는 빛을 보면 반응하며, 모체에서 받는 멜라토닌이라는 호르몬을 통해 밤낮을 구분할 수 있다. 또한 폐를 크게 부풀려 양수를 들이마시며 숨을 쉬는 연습을 한다. 다만 폐가 완전히 발달하지 않았기 때문에 이 시기에 자궁 밖으로 나와도 스스로 호흡하기는 어렵다. 만약 이 시기에 조산된다면 인공호흡기의 도움을 받아 숨을 쉬어야 한다.

임신 38주 차부터는 출생을 준비하는 기간이다. 신체 기관 대부분이 신생아와 비슷한 정도로 발달하긴 했으나, 아직 미성숙한 면이 남아 있기 때문에 몇 주간 머무르면서 충분히 성장하게 된다. 보통 임신 40주 차, 즉 수정 후를 기준으로 하면 38주 차를 전후해 출생한다.

생명권은 언제부터 보호돼야 하는가

태아의 발달 과정을 살펴볼 때 구체적으로 어느 시점부터 태아가 생명체라고 할 수 있을까? 우선 짚고 넘어가야 할 점은 이 질문에 온전히 과학만으로는 답할 수 없다는 것이다. 물론 과학 연구를 통해 태아의 성장 과정에 대해 밝혀낸 사실이 중요하게 고려돼야 한다. 하지만 과학으로 밝혀낼 수 있는 것은 배아와 태아가 어느 시기에 어떤 기관을 발달시킨다는 사실뿐이며, 그중 언제부터 생명체라고 부를 수 있는지는 알아낼 수 없다. 생명체를 규정하는 기준에 대해 사람마다 의견이 다를 수 있기 때문이다. 예를 들어 배아에 심장이 생기는 시기가 임신 5주 무렵인데, 이 사실이 배아가 임신 5주 무렵부터 생명체라는 걸 의미하지는 않는다. 어떤 사람은 심장이 아니라 신경계가 만들어지기 시작할 때부터 생명체라고 주장할 수도 있고, 다른 사람은 태아가 감정을 느끼기 시작할 때부터 생명체라고 주장할 수도 있기 때문이다.

게다가 특정 기관이 발달한 시기를 생명의 기준으로 삼는다고 해도 여전히 문제가 남는다. 그 기관이 얼마나 발달한 경우 생명이라고 해야 하는가? 그 기관이 처음 생겨났을 때? 아니면 본격적으로 기능을 하기 시작할 때? 심장에 대해 다시 생각해보자. 5주 무렵에 생성된 심장은 사실 출생한 아기의 심장과 큰 차이가 있다. 이 시기의 심장은 출생한 아기의 심장처럼 심방, 심실로 이뤄진 복잡한 구조를 갖고 있지 않다. 따라서 이때의 심장이 진정한 의미에서 심장이라고 할 수 있는지 의문의 여지가 있다. 특정 기관의 유무를 생명의 기준으로 한다고 해도 그 기관이 정확히 얼마나 발달한 시점을 기준으로 삼아야 하는지에 대해

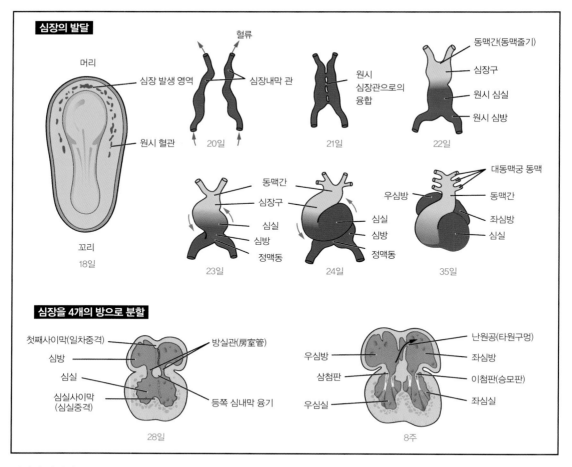

심장의 발달

머리
심장 발생 영역
심장내막 관
원시 혈관
20일
꼬리
18일

혈류
원시 심장관으로의 융합
21일

동맥간(동맥줄기)
심장구
원시 심실
원시 심방
22일

동맥간
심장구
심실
심방
정맥동
23일

동맥간
심장구
심실
심방
정맥동
24일

우심방
대동맥궁 동맥
동맥간
좌심방
심실
35일

심장을 4개의 방으로 분할

첫째사이막(일차중격)
심방
심실
심실사이막 (심실중격)
방실관(房室管)
등쪽 심내막 융기
28일

난원공(타원구멍)
우심방
삼첨판
우심실
좌심방
이첨판(승모판)
좌심실
8주

심장의 발달과 구조 변화

임신 5주 무렵에 배아에 심장이 생기는데, 이후 심장은 점점 발달하고 심실, 심방을 갖추며 구조도 복잡해진다. 심장을 기준으로 생명을 판단한다면, 어느 시기의 태아가 생명일까.

ⓒ OpenStax College/Connexions Web site

의견 불일치가 일어날 수 있다는 뜻이다.

또한 생명이 있다고 인정하는 것과 인격이 있다고 인정하는 것은 별개라는 점도 문제를 복잡하게 만든다. 특정 시점의 태아가 생명체라는 데 모두 동의하더라도, 출생한 아기와 마찬가지로 인격을 갖추고 있고 동등한 법적인 보호를 받아야 하는지에 대해 의견이 갈릴 수 있다. 초기 상태의 배아도 생명을 갖고 있기 때문에 낙태가 허용되면 안 된다고 주장하는 사람도, 그런 상태의 배아를 낙태했을 때 아기를 살해한 것과 동등한 수준의 처벌을 받아야 한다고 주장하는 경우는 드물다.

이런 복잡성 때문에 배아 혹은 태아가 언제부터 생명을 갖는지에 대해 무척 다양한 주장이 존재한다. 이 중에서 어떤 주장이 옳은지는 배아·태아가 언제 어떻게 발달한다는 과학적 사실만으로는 결론 내릴 수 없고, 윤리, 사회, 종교, 문화 등의 다양한 관점을 고려해야 한다.

"수정란부터 생명" vs "신체 기관이 만들어져야 생명"

수많은 입장 중 대표적인 몇 가지만 소개한다. 그것도 간략하게 서술된 것이라는 점을 염두에 두자. 먼저 정자와 난자가 만나 수정란이 형성된 순간을 기준으로 삼아야 한다는 입장이 있다. 수정란은 아직 하나의 세포에 불과하지만, 조건이 잘 갖춰지면 완전한 사람으로 자랄 수 있다. 이런 이유로 수정란은 체내의 다른 세포들과는 달리 생명을 갖고 있다고 봐야 한다는 주장이다. 이 입장은 태아의 생명권을 최대한 포괄적으로 보장하고자 하는 것이며, 여러 종교에서 채택하고 있는, 영향력 있는 입장이기도 하다. 이 입장의 장점은 수정란이 형성되는 순간을 명확하게 특정할 수 있으므로, 생명의 기준을 아주 명확하게 규정할 수 있다는 점이다.

이런 입장을 비판하는 사람들은 이 기준이 너무 포괄적이라는 점을 지적한다. 비판자들에 따르면 수정란이 미래에 생명을 갖춘 사람이 될 가능성이 있다고 해도, 그 자체로는 생명체가 아니라 하나의 세포에 불과하다. 생명체는 외부에서 자극이 들어오면 생존을 위해 다양한 반응을 한다. 예를 들어 물리적 위협이 가해지면 피하고, 양분이 적은 환경에 놓이면 스스로 양분을 찾아 이동하거나 뿌리를 내린다. 하지만 수정란은 외부의 환경을 감지해 적절하게 반응하지 못한다는 점에서 생명체라고 보기 힘들다는 주장이다.

이와 같은 문제점을 해결하는 대안으로 제시된 입장은 수정 후 약 2~3주가 지나 외배엽이 신경관으로 발달하기 시작하는 시점부터 생명이라는 입장이다. 신경계는 외부 자극을 받아들이고 그에 반응하기 위해 존재하는 기관이므로, 신경계가 발달했다면 생명체로 볼 수 있다는 뜻이다. 물론 외배엽이 신경관으로 발달하더라도 완전한 신경계가 생성된 것은 아니기 때문에 이 시점의 배아가 다른 생명체처럼 외부 자극에 반응할 가능성은 낮다. 하지만 신경계가 더 발달해야 생명이라고 한다

수정 이후 태아의 발달 과정

수정 후 2~3주가 지나면 외배엽이 신경관으로 발달하기 시작하고, 임신 12~14주 정도에 대부분의 신체 기관이 만들어진다. 임신 22주 차의 태아는 모체를 떠나도 의학의 도움을 받으면 생존할 수 있다. 과연 어느 시기부터 생명이라고 해야 할까.

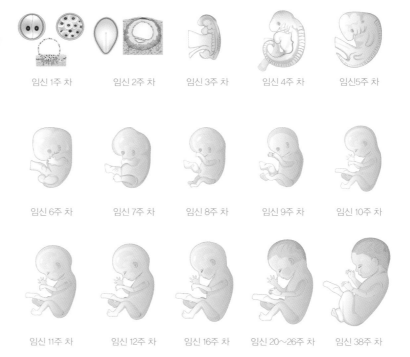

임신 1주 차   임신 2주 차   임신 3주 차   임신 4주 차   임신5주 차

임신 6주 차   임신 7주 차   임신 8주 차   임신 9주 차   임신 10주 차

임신 11주 차   임신 12주 차   임신 16주 차   임신 20~26주 차   임신 38주 차

면, 정확히 어느 정도 발달해야 하는지에 대한 추가적인 기준을 제시해야 하는 부담이 따른다. 좀 더 명확하게 기준을 세우기 위해서는 신경계가 처음 형성되기 시작할 때를 기준으로 삼는 것이 적절할 수 있다.

하지만 외배엽이 신경관으로 발달하는 시점에도 배아는 충분히 조직화되지 않은 세포 덩어리일 뿐이라고 보는 사람들도 있다. 출생한 아기는 각기 고유의 기능을 하는 여러 신체 기관으로 이루어져 있으며, 그 기관들이 적절히 조직화되어 생명을 유지한다. 반면 신경관이 발달하기 시작하는 시점의 배아는 신체 기관이라고 할 만한 부분이 거의 존재하지 않는다. 따라서 임신 12~14주 정도에 기초적으로나마 대부분의 신체 기관이 만들어져야 생명이라고 보는 사람들도 존재한다. 이 시기의 태아는 미숙하게나마 고유의 기능을 하는 신체 기관들을 갖추기 때문에 외형적으로 보나 신체 내의 조직화 정도로 보나 완연히 생명체의 모습을 한다.

물론 여기서 더 자라야 생명체라고 인정하는 사람들도 있다. 기본적인 신체 기관이 형성되어 있더라도, 태아가 모체 밖에서 생존할 수 없다면 진정한 생명체라고 볼 수 없다는 이유 때문이다. 이런 입장을 취하는 사람들은 임신 22주는 돼야 진정한 의미의 생명이라고 주장한다. 임신 22주는 태아가 모체를 떠나도 의학의 도움을 받으면 생존할 가능성이 있는 시기다. 또한 임신 22주 무렵부터는 태아가 고통을 느낄 수 있다는 점도 이런 입장을 뒷받침한다. 신경계가 발달하기 시작하는 것은 임신 22주보다 훨씬 이전이지만, 신경세포들 사이의, 그리고 신경조직들 사이의 연결이 충분히 이뤄지는 것은 임신 20주 이후이기 때문이다.

헌법재판소의 권고안 들여다보기

그렇다면 태아가 생명체인지 판단하는 이런 기준들은 헌법재판소의 결정에 어떻게 영향을 주었을까? 헌법재판관 9명 중 7명이 낙태죄가 헌법에 어긋난다고 판단했고(낙태 허용론), 2명은 부합한다고 판단했는데(낙태 금지론), 양측의 주장은 결정문에 잘 드러나 있다. 헌법재판소는 태아의 생명권과 여성의 자기결정권 사이의 균형을 중요하게 고려했다는 점을 밝히고 있다. 그리고 태아의 생명권에 대해서는 태아의 발달 과정에 대한 과학적 지식을 참고했다고 거론하고 있다. 그럼 헌법재판소의 결정문에 담긴 내용을 살펴보고, 이 내용을 생명권 부여 기준에 대한 여러 의견에 비추어 검토해보자.

낙태 금지론 측의 재판관들은 태아의 생명권이 지켜져야 한다는 점을 강조하고 있다. 생명권은 사람의 기본권 중의 기본권으로서 반드시 지켜져야 하며, 태아는 사람으로 형성되어 가는 단계의 생명이므로 태아의 생명권도 지켜져야 한다는 뜻이다. 이런 입장에는 출생한 사람과 출생 전의 '사람' 사이에 근본적인 차이가 없다는 전제가 깔려 있다. 출생 시점을 기준으로 그 이전의 태아는 사람이 아니고, 출생 이후의 아기는 사람이라고 딱 잘라 구분할 수가 없다는 말이다. 왜냐하면 태아 시기부터 출생 이후까지 정신과 신체는 연속적으로 발달하기 때문이다.

따라서 낙태 금지론 측의 재판관들은 태아의 생명권을 보호하지 않으면, 사람이 보편적으로 가지고 있는 생명권 보호는 불완전하게 된다고 논한다.

물론 태아가 충분히 성장하기 전까지는 모체와 떨어지면 생존이 불가능하다는 점에서 태아에게는 독립적인 생명권이 없다는 반박이 제기될 수 있다. 이에 대해 재판관들은 태아가 모체에서 영양과 산소를 공급받긴 하지만, 태아의 성장은 모체와 독립적으로 일어나며, 태아는 모체의 의지와 관계없이 독립적으로 움직이고, 모체와 독립적으로 고통을 느낄 수 있다는 점을 들어 태아가 독립된 생명체라고 재반박한다. 게다가 의학의 발달로 인해 태아가 모체에서 떨어져도 생존이 가능한 시기가 앞당겨지고 있다는 점도 고려해야 한다고 주장한다. 언젠가는 인공자궁의 개발 등으로 인해 태아가 모체 밖에서도 완전히 성장할 수 있을지도 모르기 때문에 생명권을 최대한 인정해줘야 한다는 뜻이다.

게다가 재판관들은 특정 시점을 기준으로 낙태 허용 여부를 정하는 일이 여러 가지 문제를 야기한다는 점도 언급한다. 먼저 태아의 발달 과정은 연속적이므로, 특정 시점을 전후로 낙태 허용 여부를 가리는 것은 잘못됐다는 말이다. 예를 들어 임신 12주 이후에만 낙태를 금지한다고 하면 왜 12주가 되기 바로 며칠 전의 태아는 낙태해도 되는지 이유가 불분명해진다. 또한 태아마다 성장 속도는 조금씩 차이가 나서 어떤 태아는 조금 일찍 성장하고 어떤 태아는 조금 늦게 성장한다. 그래서 특정 시점을 기한으로 정하면, 덜 자란 태아는 낙태가 불가능한데, 오히려 더 자란 태아는 낙태가 가능한 경우도 생길 수 있다. 이처럼 특정 시점을 기준으로 생명권 인정 여부를 다르게 하는 것은 불합리하다는 주장이 금지론자들의 입장이다.

반면에 낙태 허용론 입장의 재판관들은 여성의 자기결정권을 존중해야 한다는 점을 강조한다. 여성이 임신하면 급격한 신체적·심리적 변화를 겪는다. 특히 출산 시에는 커다란 고통과 잘못하면 사망에 이르는 위험을 감수해야 한다. 그리고 출산 후에는 아기를 성인이 될 때까지 양

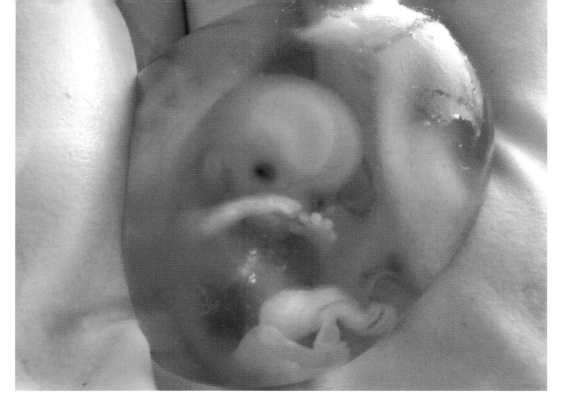

육해야 하는 책임을 지게 되며, 이로 인해 경제적 부담, 경력 단절 등 다양한 사회적 어려움을 겪는다. 게다가 이런 어려움은 남성에 비해 여성에게 훨씬 크게 나타난다. 이와 같이 임신과 출산은 여성의 건강과 삶을 송두리째 바꿔놓을 수 있을 정도로 커다란 영향을 미친다. 따라서 여성 스스로 자기 삶의 방향을 결정할 권리를 보장해야 하며, 출산을 원하지 않는다면 그 의사도 존중받아야 한다는 뜻이다.

또한 허용론 입장의 재판관들은 여성의 자기결정권과 태아의 생명권이 완전히 대립되는 것이 아니라는 점도 고려해야 한다고 주장한다. 여성이 사회적으로나 경제적으로 어려운 상황에 처해 있을 때 출산을 한다면 육아에 큰 어려움을 겪게 된다. 이런 상황에서 출생한 자녀는 무척 불행한 삶을 살 수도 있다. 이 점을 고려하면, 태아가 안전하게 생존하기 위해서는 우선 여성의 권리가 보호돼야 한다고 볼 수 있다. 그러므로 허용론자들은 낙태에 있어 여성의 자기결정권을 보장함으로써 원치 않는 임신과 출산에 의해 여성은 물론이고 출생할 태아가 사회적·경제적인 곤란에 처하는 것을 막아야 한다고 본다.

이에 허용론 입장의 재판관들은 임신 14주까지는 여성의 의사에 따라 자유롭게 낙태가 가능하게 하고, 22주까지는 약간의 숙려 기간을 거치는 조건부 낙태가 가능하게 하는 것을 골자로 하는 권고안을 제시했다. 실제로 정부가 2020년 10월에 입법 예고했던 개정안에는 헌법재판소의 권고안을 수용한 부분이 보인다. 정부의 개정안은 임신 14주까지 산모의 결정에 따라 낙태를 허용하고, 임신 24주까지는 숙려 기간을 거치는 조건부 낙태를 허용한 것이다. 이런 기준은 조건부 낙태 기간을 2주 늘렸다는 차이가 있지만 대체로 헌법재판소의 권고안을 수용한 것이다. 정부의 개정안이 법 개정 시한을 넘겼기 때문에 실제 입법은 이뤄지지 않았지만, 이 사례를 보면 추후 다시 입법이 제안될 때도 헌법재판소의 권고안이 중요하게 고려될 가능성이 높다. 따라서 헌법재판소가 제안한 14주, 22주 기준이 타당한지 더 논의해볼 필요가 있다.

헌법재판소의 권고안에 대한 '이의 제기'

낙태를 임신 14주까지 허용하고, 22주까지는 숙고 기간을 거친 뒤 허용하는 헌법재판소의 권고안은 태아가 12~14주 무렵부터 생명권을 가진다는 의견과 22주 무렵부터 생명권을 가진다는 의견을 절충하고 있다고 볼 수 있다. 그러나 이 개정안에 대해 낙태 금지론자들과 허용론자들 모두 만족하지 못하고 이의를 제기하고 있다. 먼저 낙태 금지론자들은 이 개정안이 태아의 생명권을 지나치게 낮게 평가했다고 본다. 이들은 태아의 생명권이 보장되는 것은 임신 12~14주보다 이른 시기여야 한다고 주장한다. 그 이유는 앞서 금지론 입장의 헌법재판관들이 제시한 것과 같다.

한편 낙태 허용론자 입장에서 가능한 반응은 크게 두 가지로 나눌 수 있다. 첫째는 낙태 문제에서 중요한 것은 태아의 생명권이 아니라 여성의 자기결정권이므로, 임신 후 경과 시간에 관계없이 낙태가 허용돼야 한다는 반응이다. 이런 입장에서는 14~22주 사이의 기간에 낙태를 조건부가 아니라 전면적으로 허용해야 하고, 더 나아가 22주 이후의 기간에서도 허용해야 한다고 본다. 둘째는 태아의 생명권을 어느 정도 인정하되, 그 기준은 헌법재판소의 기준보다 엄격해야 한다는 반응이다. 헌법재판소는 22주가 지난 태아가 모체에서 분리되어 생존이 가능하므로, 22주부터는 생명권을 존중해야 한다고 봤다. 하지만 이 시기의 태아는 모체에서 분리되어 생존이 가능하더라도, 각종 의료 기구에 의존해야 하므로 여전히 독립된 생명체로 인정받기가 어렵다는 주장이다. 그러므로 이들은 태아가 출생해도 별문제가 없을 시점 이전까지 낙태가 허용돼야 한다고 볼 것이다.

결론적으로 태아의 생명권 및 여성의 자기결정권에 대한 논쟁은 합의에 이르기가 쉽지 않아 보인다. '태아의 생명권과 여성의 자기결정권 중 무엇이 더 중요한가'라는 질문과 '태아의 생명권을 고려하더라도, 애초에 태아가 언제부터 생명권을 가지는가'라는 질문이 중첩돼 있기 때문이다.

한편 태아의 생명권 대 여성의 자기결정권의 틀로만 생각하는 것은 문제를 너무 좁게 보는 것일 수도 있다. 낙태 문제가 실제로는 훨씬 더 많은 문제와 연결돼 있을 수 있기 때문이다. 예를 들어 우리의 윤리적 결정에서 미래 세대의 편익과 권리를 어떻게 고려할 것인지, 태아의 생명권 보호에 있어 남성보다 여성에게 많은 부담이 주어지는 사회 구조를 어떻게 변화시킬 것인지, 낙태 문제와 수많은 사람이 의지하고 있는 종교적 신념이 조화를 이루게 할 수 있을 것인지, 임신·출산·낙태 과정에서 여성의 건강은 어떻게 보호해야 하는지 등 다른 문제들과의 관련성 하에서 이 문제에 접근하는 일이 필요해 보인다. 이렇게 더 많은 쟁점들을 폭넓게 고려하는 일은 논쟁을 더 복잡하게 만들 수 있지만, 새로운 실마리를 찾도록 도와줄 수도 있을 것이다.

ISSUE 5

미래교통

하이퍼루프

원호섭

•••

고려대 신소재공학부에서 공부했고, 대학 졸업 뒤 현대
자동차 기술연구소에서 엔지니어로 근무했다. 이후 동
아사이언스 뉴스팀과 〈과학동아〉팀에서 일하며 기자 생
활을 시작했다. 매일경제 과학기술부를 거쳐 현재 매일
경제 산업부에서 에너지·화학 분야 기업을 취재하고
있다. 지은 책으로는 『국가대표 공학도에게 진로를 묻다
(공저)』『과학, 그거 어디에 써먹나요?』『과학이슈11 시리
즈(공저)』 등이 있다.

하이퍼루프, 비행기보다 빠른 열차?

미래의 어느 도심에 하이퍼루프가 건설돼 하나의 교통체계로 자리 잡은 상상도. 캡슐형 열차가 운행하는 진공 튜브의 외부에는 태양전지판이 부착돼 있다.
ⓒ HTT

◆장면 1. 2050년 1월 1일 서울에 사는 이미래 씨는 알람 소리와 함께 눈을 떴다. 오전 10시. 친구와 함께 부산에 있는 유명한 횟집에서 점심을 먹기로 한 날이었다. 씻고 집을 나선 뒤 서울역에 도착한 시각은 오전 11시. 15분 뒤 부산으로 향하는 '하이퍼루프(Hyperloop)' 캡슐에 몸을 실었다. 출발과 함께 가속되는가 싶더니 금세 시속 1000km에 도달했다는 알람 등이 켜졌다. 캡슐 내부는 고요했다. 15분 뒤인 11시 30분 하이퍼루프 캡슐이 감속을 시작했다. 곧 부산역에 도착한다는 방송

이 나왔다. 이미래 씨는 친구와 함께 부산에 예약해 놓은 식당에서 점심을 즐겼다.

◆◆장면 2. 하이퍼루프 덕분에 세계 여행은 한결 수월해졌다. 미국과 유럽 곳곳에 하이퍼루프 터널이 완공돼 연결됐다. 미국 서부 샌프란시스코에서 동부 뉴욕까지 비행기를 타면 7시간 이상 걸렸지만, 하이퍼루프를 타면 4시간이면 충분했다. 공항 탑승수속 등의 시간도 줄일 수 있는 만큼 이동에 걸리는 시간은 절반 이하로 줄었다. 유럽을 비롯해 중동의 사막 곳곳에서 하이퍼루프를 잇기 위한 공사가 한창이었다. 하이퍼루프에 필요한 전력은 튜브를 둘러싸고 있는 태양광 패널을 통해 얻는 만큼 에너지 소비도 적다. 이제는 해저에 하이퍼루프 터널을 지어 대륙을 연결하는 방안도 추진되고 있다.

미래 모습을 그릴 때 빠지지 않고 등장하는 교통수단이 있다. 시속 1000km가 넘는 속도로 터널 속을 달리는 하이퍼루프가 그 주인공이다. 2013년 테슬라의 괴짜 최고경영자(CEO) 일론 머스크가 제안한 이 교통수단은 처음 세간에 알려졌을 때만 해도 상용화를 두고 부정적인 시각이 우세했다. SF 영화에서나 등장할 법한, '보기 좋은' 상상력의 산물 그 이상은 아니라는 이야기가 많았다. 하지만 머스크가 하이퍼루프를 제안하고 8년이 채 되지 않은 2021년 현재 하이퍼루프의 상용화 가능성은 조금씩 커지고 있다. 최근에는 사람을 태운 하이퍼루프 캡슐이 첫 시범 운행을 한 데 이어 '사업성'과 '경제성'이 있어야 뛰어드는 국내 대기업도 관련 기술 개발에 도전장을 던졌다.

지금까지 인류가 만든 교통수단은 크게 네 번의 혁명기를 거쳤다. 운하의 발달에 따라 사용한 선박, 증기기관과 함께 나타난 철도, 대량생산 기술 발달로 태동한 자동차, 마지막으로 세계화를 구현한 비행기다. 하이퍼루프가 상용화된다면 다섯 번째 교통혁명이 일어날 것은 불 보듯 뻔하다. 하이퍼루프는 과연 이 꿈같은 지위에 오를 수 있을까.

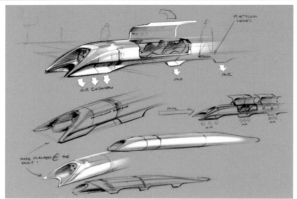

테슬라 CEO 일론 머스크가
2013년 공개한 문서 '하이퍼루프
알파' 첫 페이지에 있는
하이퍼루프 렌더링 모습.
© Tesla

머스크의 제안으로 시작된 하이퍼루프

하이퍼루프 개념은 머스크로부터 시작됐다. 머스크는 2012년 7월 '5번째 교통수단'에 대한 생각을 구상하고 있다고 밝혔으며 1년 만인 2013년 8월 '하이퍼루프 알파(Hyperloop Alpha)'라고 불리는 문서를 테슬라 홈페이지에 공개했다. 하이퍼루프 알파에 따르면 하이퍼루프는 610km에 달하는 샌프란시스코와 로스앤젤레스 구간을 불과 35분 만에 주파할 수 있다. 건설 비용도 고속철도와 비교했을 때 10분의 1에 불과하며 운영비는 튜브에 설치된 태양광 패널로 충당한다. 편도 운임 또한 20달러 수준이면 충분할 것으로 봤다. 그는 단순한 아이디어 구상에서 멈추지 않고 미국 캘리포니아주 정부에 "하이퍼루프를 민간 투자로 건설하자"고 제안하기도 했다.

머스크가 제안한 하이퍼루프의 개념은 진공의 튜브 안에서 공중에 살짝 뜬 상태로 달리는 초고속 열차다. 열차에 해당하는 캡슐의 최고 속도는 시속 1220km로 737 여객기(시속 700km)보다 빠르다. 한마디로 지상을 달리는 비행기인 셈이다.

머스크는 진공 튜브 속의 캡슐을 고압 기체로 부상시킨 뒤 리니어 모터나 공기 압축장치를 이용해 앞으로 나아가는 시스템을 제안했다.

현재 상용화를 위한 하이퍼루프 설계 개념은 진공의 튜브를 달리는 자기부상열차 형태로 모아진다. 공기를 이용해 캡슐을 부상시키는 것보다 이미 상용화된 기술인 자기부상열차를 진공 속에서 달리게 하는 게 현실적인 접근법이기 때문이다. 하이퍼루프가 빠른 이유가 바로 여기에 있다. 진공의 튜브를 달리는 만큼 공기와의 마찰이 적다. 그리고 공중에 떠서 앞으로 이동해 바퀴와 레일 간 마찰 또한 없다.

현재 육상에서 가장 빠른 교통수단은 '철도'다. 전 세계에서 가장 빠른 열차는 시속 603km로 달리는 일본의 신칸센이다. 프랑스의 테제베(TGV)가 시속 574.8km, 중국의 CHR는 시속 501km로 뒤를 잇고 있다. 한국의 KTX는 시속 421.4km로 네 번째로 빠르다. 이 속도는 특정 구간에서 가장 빠를 때의 속도를 측정한 값이라서 실제로 열차가 사람을 태우고 달릴 때의 속도는 이에 미치지 못한다. 과학기술계는 마찰을 고려했을 때 철도의 속도 한계를 이론적으로 시속 600km가량으로 보고 있다.

비행기가 열차보다 빠른 속도로 이동할 수 있는 이유 또한 공기와의 마찰이 작아서다. 비행기는 고도 10km 상공을 항로로 이용하는데, 이 영역은 공기가 희박해 기압이 불과 0.26기압에 불과하다. 만약 열차와 비행기가 같은 속도로 앞으로 나아간다면, 고도 10km 상공에 있는 비행기가 받는 공기저항은 열차가 받는 저항의 20%도 채 되지 않는다는 얘기다. 공기와의 저항은 '탈 것'이 극복해야 하는 가장 큰 장애물이

버진하이퍼루프가 개발하고 있는 하이퍼루프의 상상도. 하이퍼루프는 승객뿐만 아니라 물자를 운송하는 데도 유용하다.
© Virgin Hyperloop

다. 지구 대기권을 벗어나야 하는 발사체(로켓) 연료의 90%는 대기권을 헤쳐 나아갈 때 발생하는 공기와의 저항을 이겨내는 데 사용된다. 진공 상태인 우주 공간을 날아다니는 탐사선이 속도를 시속 5만 km까지 낼 수 있는 것 또한 공기 마찰이 없어서다.

머스크는 공기와의 저항을 최소화한 하이퍼루프의 장점을 다음과 같이 꼽았다. 첫째, 안전하고 빠르며 비용이 저렴하다. 둘째, 편리하다. 셋째, 날씨와 상관없이 운행할 수 있다. 넷째, 태양광처럼 지속 가능한 동력으로 운영된다. 다섯째, 지진에 견딜 수 있다. 여섯째, 경로 근처에 있는 사람들에게 불편을 끼치지 않는다.

하이퍼루프의 기원, '진공 열차'

머스크가 하이퍼루프 개념을 꺼내기 전에도 이와 비슷한 개념의 열차는 존재했다. 이른바 '진공 열차(Vacuum Train)'다. 진공 열차의 역사는 18세기까지 거슬러 올라간다. 1799년 영국의 발명가 조지 메드허

스트(George Medhurst)가 진공의 파이프 내에 물건을 넣고 공기압을 이용해 옮기는 특허를 출원했다. 특허에는 물건 외에 사람을 실은 '수레'를 옮기는 방안까지 포함됐던 만큼 메드허스트는 진공 열차를 제안한 첫 번째 인물로 꼽힌다. 실제 이 아이디어는 1836년 영국의 발명가 윌리엄 머독이 우편과 소포배달을 위한 진공 튜브를 만들며 현실화됐다. 이것은 19세기 말까지 은행, 병원, 상점 등에 보급돼 일반적인 배송 수단으로 자리 잡았다. 하이퍼루프와 비슷한 개념의 진공 열차는 1888년 『해저 2만리』를 쓴 프랑스 작가 쥘 베른의 아들인 미셸 베른이 출간한 과학소설(SF) 『미래의 기차』라는 작품에 등장하기도 했다.

20세기 들어서면서 과학기술의 급격한 발달과 함께 진공 열차는 좀 더 체계적으로 연구되기 시작했다. 대표적인 인물로는 '로켓의 아버지'라 불리는 미국의 공학자 로버트 고더드를 꼽을 수 있다. 고더드는 대학 신입생이던 1904년 최초의 진공 열차를 그렸으며, 1910년엔 보스턴에서 뉴욕을 시속 1600km로 달릴 수 있는 진공 열차를 설계했다. 하지만 생전에 이 설계도는 발표되지 않았다. 1945년 고더드가 사망한 직

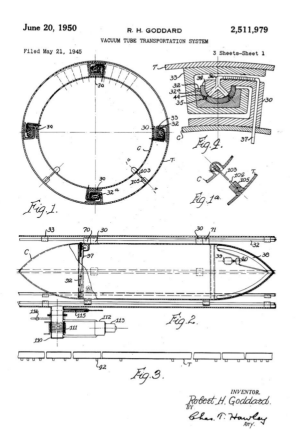

June 20, 1950   R. H. GODDARD   2,511,979

VACUUM TUBE TRANSPORTATION SYSTEM

Filed May 21, 1945   3 Sheets-Sheet 1

INVENTOR.
Robert H. Goddard.
BY
Chas. T. Hawley
Atty.

1910년 미국의 공학자 로버트 고더드가 설계한 것으로 알려진 진공 열차. 이 설계도는 그가 죽은 뒤인 1945년 특허로 등록됐다.

후 발견돼 그의 부인이 특허를 등록한 것으로 알려졌다.

이후 SF에서 자주 등장하는 진공 열차는 1972년과 1978년 미국의 대표적인 싱크탱크 랜드연구소(RAND Corporation)에서 관련 논문을 배포하면서 세간의 관심을 받기 시작했다. 당시 연구 논문을 주도한 엔지니어 로버트 살터(Robert Salter)가 〈LA타임즈〉와의 인터뷰에서 자신이 생각한 진공 열차에 대해 상세히 설명했던 기록이 남아 있다. 당시 자기부상열차 기술이 완벽하지 않았던 만큼 그는 강철 바퀴가 레일 위를 달리는 형태를 제안했는데(빠르게 달릴 때 발생하는 마찰을 견디기 위해서), 진공 튜브 안에 있는 열차는 공기의 압력 차이에 따라 시속 1000km가 넘는 속도로 이동할 수 있다고 봤다. 다만 당시 기술로는 진공 열차를 구현하기가 거의 불가능했다. 진공 상태의 튜브를 만드는 기술도, 자기부상열차 기술도 성숙하기 전이었기 때문이다.

스위스 메트로(Swiss metro)라는 기업은 1987년부터 2000년까지 13년간 0.1기압의 저진공 터널 안에서 자기부상열차가 달리는 연구를 진행하기도 했다. 하지만 비용이 워낙 많이 들어 현실성이 없다는 결론이 나오면서 개발이 중단되기도 했다.

상용화에 도전장 던진 기업들

2020년 11월 9일 미국의 버진하이퍼루프가 미국 라스베이거스 인근 네바다 사막에서 하이퍼루프 첫 유인 주행에 성공했다. 모의 주행에서는 버진하이퍼루프 직원 2명이 탑승한 하이퍼루프가 15초간 500m 길이의 터널을 달렸다. 최고 시속은 172km를 기록했다. 2012년 하이퍼루프라는 개념이 처음 등장한 뒤 사람이 탑승한 모의 주행에 성공한 것은 버진하이퍼루프가 처음이었다. 버진하이퍼루프는 현존하는, 세계에서 가장 빠른 자기부상열차인 '마그레브(maglev)'를 진공 상태의 튜브 안에 넣은 뒤 주행에 성공했다. 마그레브는

버진하이퍼루프가 2020년 11월 시범 주행에 성공한 하이퍼루프 캡슐에 탑승한 버진하이퍼루프 직원 2명. 최고기술책임자 조시 지젤(왼쪽)과 여객 체험 담당자 새러 루션.
© Virgin Hyperloop

2015년 시속 600.3km의 속도로 달리는 데 성공한 초고속 자기부상열차(신칸센)다. 버진하이퍼루프의 목표 또한 머스크가 2013년 제안했던 하이퍼루프와 같다. 시속 1000km의 하이퍼루프를 만드는 것이다.

테슬라의 하이퍼루프 개념이 발표되고 1년 뒤인 2014년 6월 하이퍼루프원이라는 벤처기업이 미국 캘리포니아주 로스앤젤레스에 설립됐다. 하이퍼루프원은 6개월 만인 2015년 1월 900만 달러(약 100억 원)에 달하는 투자를 받으며 하이퍼루프 상용화에 나섰다. 창업 후 3년 동안 2억 4,500만 달러(약 2,700억 원)의 투자금을 확보했고, 이후 리처드 브랜슨이 이끄는 버진그룹으로부터 8,500만 달러(약 950억 원)의 투자 유치를 받으며 2017년 회사명을 버진하이퍼루프로 바꿨다. 투자 규모로 봤을 때 하이퍼루프를 상상 속의 교통수단으로만 생각하기 어려운 수준이다. 버진하이퍼루프(하이퍼루프원)는 2016년 미국 네바다 사막에서 1.1초 만에 캡슐의 속도를 시속 187km에 도달케 하는 시험에 성공한 바 있으며 2017년 말에는 네바다 사막에서 500m에 달하는 시범 튜브를 만들고 시속 387km에 도달하며 하이퍼루프 관련 업계에서 가장 앞서 있다는 평가를 받고 있다.

버진하이퍼루프와 함께 현재 관련 분야에서 가장 앞서 있는 기업으로는 미국의 하이퍼루프 트랜스포테이션 테크놀로지(Hyperloop Transportation Technologies, HTT)를 꼽을 수 있다. 2013년 11월 설립된 HTT는 2018년 시제품 '킨테로 원'을 세상에 처음 공개하며 화제가

미국 라스베이거스 외곽의 네바다 사막에 있는 하이퍼루프 테스트 사이트.
하이퍼루프 튜브가 설치돼 있다.
ⓒ Virgin Hyperloop

하이퍼루프 트랜스포테이션
테크놀로지(HTT)가 개발 중인
하이퍼루프 캡슐.
ⓒ HTT

됐다. HTT는 기술개발과 함께 하이퍼루프 상용화에 필요한 제도적인 부분에도 조금씩 변화를 이끌어 내왔다. 2017년 독일의 재보험사인 뮌헨리는 HTT에 대해 보험가입을 승인하고 공동 보험상품을 만들기로 협약을 맺었다. 하이퍼루프 위험성이 얼마나 되는지에 대한 첫 평가가 진행된 셈이다.

하이퍼루프의 상용화에 걸림돌이 되는 것은 바로 '안전성'에 대한 의구심이었다. 시속 1000km로 달리는 캡슐이 행여나 충돌이라도 한다면 속도가 빠른 만큼 사고 규모 또한 클 수밖에 없다. 진공 상태에서 가해지는 폐쇄 공포증, 가속이 심해지면서 겪게 될지 모를 신체상의 변화 등도 고려해야 한다. 뮌헨리는 HTT의 하이퍼루프 사업에 대한 보험가입을 현재 승인한 상태이다. HTT는 2018년 프랑스 툴루즈 지역에 있는 연구개발(R&D)센터에서 실물 크기의 하이퍼루프 열차 캡슐이 주행할 수 있는 지름 4m짜리 하이퍼루프 터널을 제작해 공개했다.

한국철도기술연구원, 머스크 제안 전 R&D 나서

한국철도기술연구원 또한 하이퍼루프 기술 개발에 나서고 있다. 흥미롭게도 한국철도기술연구원은 머스크가 하이퍼루프를 제안하기 전인 2009년에 이미 진공 열차 개념인 '튜브 트레인' 연구개발(R&D)을 추진해 왔다. 아무도 개척하지 못한 분야에 도전해 시장을 선도하겠다는 전략이었다.

2020년 11월 한국철도기술연구원은 실제 크기의 17분의 1로 축소한 하이퍼튜브 공력 시험 장치를 개발했다고 밝혔다. 이를 통해 진공에 가까운 0.001기압에서 캡슐 모형을 시속 1019km의 속도로 달리게 하는 데 성공했다. 한국철도기술연구원에 따르면 지금까지 튜브 공력 시험 장치는 일본과 중국이 1기압하에서 시속 600km를 기록한 것이 최고였다.

한국철도기술연구원의 성과는 공학적으로 큰 의미가 있다. 하이퍼루프는 기존에 없던 교통수단인 만큼 도전에 나선 기관이나 기업 또한 처음 시도하는 과제다. 최적의 튜브 크기는 어느 정도인지, 시속 1000km를 넘어서도 안정적으로 이동하려면 캡슐은 어떤 형태로 만들어야 하는지 모든 것을 '알아가는 단계'다. 결국 실제 운행 시 고려해야 하는 변수들을 평가할 수 있는 실험장치로 무수히 많은 테스트를 거쳐야 한다.

실험을 통해 데이터가 쌓이면 하이퍼루프의 상용화 가능성 또한 높아진다. 버진하이퍼루프, HTT를 비롯해 하이퍼루프에 도전장을 내민 기업들이 캡슐과 터널을 만들어 놓고도 시속 1000km에 달하는 속도를 내지 못하는 이유가 여기에 있다. 섣불리 속도를 높이지도 못할뿐더러 행여나 무리하게 시험 운행을 했을 때 어떤 사고가 발생할지 알 수 없다. 라이트 형제가 비행기를 설계했지만, 실제 비행에 성공한 것은 수백~수천 번의 실험 끝에야 가능했던 것과 같은 이유다.

한국철도기술연구원이 개발 중인 하이퍼튜브의 주행시험을 하기 위한 1/17 축소형 아진공 튜브 공력시험장치.
ⓒ 한국철도기술연구원

터널을 콘크리트 대신 강재로 만드는 이유

'진공의 터널을 달리는 자기부상열차.' 하이퍼루프의 상용화를 꿈꾸고 있는 기업들은 현재 하이퍼루프 구현의 바탕을 이렇게 정의한다. 간단해 보이지만 쉽지 않다. 2013년 머스크의 언급 이후 하이퍼루프 상용화에 뛰어든 기업들은 조금씩 다른 기술을 적용해 하이퍼루프 상용화에 나서고 있지만, '진공의 튜브 속에서 자석으로 띄운 캡슐을, 자력으로 이동시킨다'는 점은 비슷하다.

하이퍼루프의 캡슐은 자기부상열차가 앞으로 나아가는 방식과 같다. 자기부상열차의 철로에는 영구자석이, 열차 바닥에는 전자석이 깔려 있다. 열차 바닥의 전자석에 전기를 흘려주면 자기부상열차가 움직일 수 있다. 열차의 전자석과 선로에 있는 영구자석이 서로 밀고 당기면서 열차가 앞으로 진행한다. 열차 바닥의 앞부분이 S극일 때, 열차 앞부분의 선로는 N극을 띤다. 서로 다른 극인 만큼 선로가 열차를 잡아당겨 속도가 난다. 반대로 열차 바닥의 뒷부분이 N극일 때는 열차 뒷부분의 선로 또한 N극이어야 한다. 열차 앞에서는 '인력'이, 열차 뒤에서는 '척력'이 작용하면서 열차의 속도는 점점 빨라진다.

레일의 영구자석은 변화가 없지만, 열차의 전자석이 빠르게 극을 바꿀 수 있다면 속도는 점점 빨라진다. 이같은 과정이 빠르게 이어지면서 하이퍼루프 캡슐은 빠르게 앞으로 나아갈 수 있다. 캡슐 바닥의 전자석에 흘러주는 전류는 배터리를 통해 얻고, 이 배터리 동력은 튜브를 감싸고 있는 태양광 패널로부터 얻는다.

하이퍼루프를 구현하기 위해 해결해야 하는 가장 어려운 기술은 터널 제작이다. 더 정확히 이야기하면 터널을 만든 뒤 내부를 진공상태로 유지하는 것이다. 하이퍼루프가 비행기를 능가할 교통수단으로 자리잡기 위해서는 못해도 수백~수천km 이상을 이동해야 하는데, 이 기다란 터널 전체를 0.001기압 미만에 해당하는 고진공 상태로 유지하는 일은 최고 난이도로 꼽힌다.

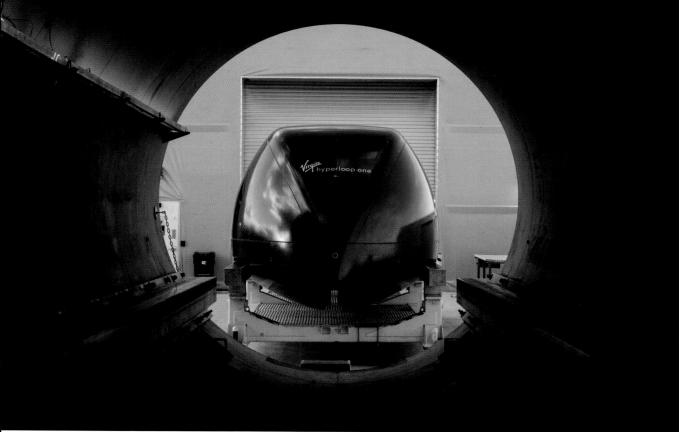

터널 제작에 필요한 가격을 낮추고 공사 기간을 단축하기 위해서
는 '콘크리트'를 활용하는 게 가장 좋다. 하지만 콘크리트에 있는 틈, 즉
'공극'이 문제다. 콘크리트에 존재하는 미세한 공극 때문에 콘크리트 터
널은 진공을 유지할 수 없다.

버진하이퍼루프나 HTT 같은 기업들은 콘크리트 대신 '강재(건설
공사 등의 재료로 쓰기 위해 압연 따위의 방법으로 가공을 한 강철)'를
이용한다. 철을 판 형태로 만든 뒤 둥글게 말아서 터널로 활용하는 방식
이다. 외부와 터널 내부를 완벽히 분리하기 위해서는 고난이도의 용접
기술은 물론 강재를 원하는 형상으로 만들 수 있도록 가공성을 부여하
는 기술 등을 해결해야만 한다. 이 밖에 비행기보다 빠른 속도로 좁고
폐쇄된 튜브를 떨림 없이 달릴 수 있도록 하는 정밀 설계 기술은 물론
진공 터널 속에서 음속에 가까운 속도로 이동하는 캡슐과 수신할 수 있
는 통신시스템 개발도 필요하다.

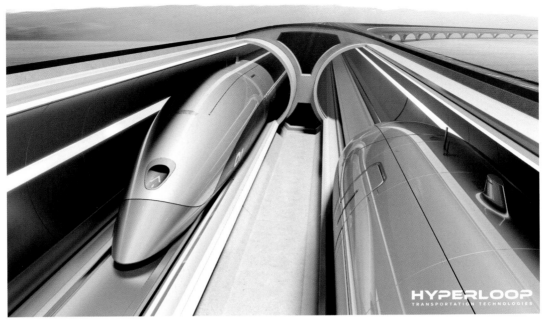

진공 튜브 안에서 초고속으로
운행되는 캡슐형 열차의 상상도.
© HTT

상용화의 가장 큰 걸림돌은 '경제성'

2013년 이후 하이퍼루프 R&D에 경제성은 문제가 되지 않았다. 기술 구현이 가능한지를 확인하는 게 더 중요했다. 머스크는 하이퍼루프 알파 문서에서 미국 샌프란시스코와 LA 간 하이퍼루프의 건설비용이 여객 철도만의 경우 약 60억 달러(6조 5,500억 원)로 캘리포니아 고속철도의 건설비용인 684억 달러(74조 6,900억 원)에 비해 10분의 1에 불과하다고 주장했다. 머스크는 60억 달러의 건설비용을 20년간 충당하기 위해서는 7400만 명을 운송해야 하며 편도 운임은 20달러면 충분하다고 계산했다.

하지만 버진하이퍼루프와 HTT 등의 기업들이 기반 기술 R&D를 하면서 분석한 비용은 머스크의 예상보다 컸다. 버진하이퍼루프는 샌프란시스코와 LA 간 하이퍼루트 건설에 100억 달러(10조 9,200억 원)가 필요하다고 봤으며, HTT 또한 60억 달러보다는 최소 2~3배 더 높은 비용이 필요하다고 봤다. 다만 이 역시 과소평가됐다는 평가가 나온다. 진공 터널 제작에 상당한 비용이 들어갈 것으로 예상되는 만큼 많은 사람은 하이퍼루프 상용화에 고속철도 못지않은 큰 비용이 들 것으로 보고 있다.

버진하이퍼루프에서 개발하고
있는 하이퍼루프 시스템. 튜브와
차량이 함께 보인다. 차량에는
버진하이퍼루프의 전신인
'하이퍼루프원'의 영문이 쓰여 있다.
© Virgin Hyperloop

하이퍼루프의 경제성과 관련해 가장 눈에 띨 만한 이벤트는 2019년 11월 미국에서 있었다. HTT는 미국 동북오하이오광역조정국(NOACA)이 운송 계획 업체인 (주)교통경제관리시스템(TEMS)에 의뢰해 실시한 클리블랜드–시카고, 클리블랜드–피츠버그 노선에 대한 타당성 조사에서 '실현 가능하며 경제적 이익이 된다'는 결론이 나왔다고 밝힌 바 있다. TEMS에 따르면 조사 대상인 하이퍼루프 노선은 정부 보조금이 필요 없으며 운송 속도를 수십 분대로 단축하고 향후 25년간 90만 개에 달하는 일자리를 창출시키며 1억 4300만 t에 달하는 이산화탄소를 줄이는 프로젝트로 봤다. 이 조사는 1년 반 이상에 걸쳐 이뤄졌다.

경제성과 관련해 최근 주목할 만한 사건은 국내 대기업 포스코의 도전이다. 포스코는 2020년 11월 유럽의 철강기업인 타타스틸과 하이퍼루프 사업 분야 전반에 대한 협약을 체결했다. 사업성을 종합적으로 판단해 움직이는 대기업이 하이퍼루프에 도전장을 던졌다는 것은 의미가 크다. 하이퍼루프에 철강기업들이 참여를 선언한 것이 의아해 보이지만, 앞서 이야기했듯이 철강은 하이퍼루프 시스템에서 없어서는 안 될 존재다. 강재로 만들어야 하는 진공 튜브 때문이다. 포스코는 단단하고 가공성 높은 강을 생산하고 이를 용접하는 데 있어서 다른 기업보다 뛰어난 기술력을 보유하고 있다.

HTT에서 개발 중인 진공 튜브.
© HTT

시장성은 어떨까. 일반적으로 하이퍼루프가 달릴 수 있는 1km 튜브를 만드는 데 2000t의 철이 필요한 것으로 알려졌다. 1000km에 달하는 하이퍼루프를 만든다면 필요한 철의 양은 200만 t에 달한다. 롯데 타워에 사용된 철의 양이 3만 5000t인 것을 감안하면 엄청난 양에 해당한다. 시장성은 충분하다는 얘기다.

조금씩 가까워지는 하이퍼루프 상용화

처음 하이퍼루프 개념이 나왔을 때만 해도 가능성을 크게 점치는 사람은 없었다. 하지만 이제는 세계 각국 정부가 나서서 하이퍼루프 선로를 약속하고 있다. 중국은 중국우주과학공업그룹(CASIC)을 통해 진공 튜브 철도 개발에 대한 중장기 계획을 발표했으며, 인도는 뭄바이와 푸네를 연결하는 하이퍼루프 건설을 승인까지 했다. 캐나다 또한 하이퍼루프 노선에 대한 연구자금 지원과 기술 타당성 검토를 진행했다. 두

O'Hare Airport Station

미국 시카고 오헤어 공항에서
도심을 오가는 하이퍼루프 시스템의
상상도. 2018년 머스크가 이끄는
굴착회사 보링컴퍼니가 관련
프로젝트를 수주했다.
© Boring Company

바이 정부 역시 아부다비−두바이 노선을 하이퍼루프로 건설하기 위해 타당성 조사를 추진하고 있다.

"개념만 존재할 뿐 상상하기 어려운 기술이었습니다. 머스크 덕분에 많은 관심을 받았고 이제는 불가능하다고 보는 사람은 거의 없습니다."

한국형 하이퍼루프인 '하이퍼튜브익스프레스(HTX)'를 개발하고 있는 한국철도기술연구원 신교통혁신연구소 이관섭 소장의 말이다. 그는 하이퍼루프를 '스마트폰'과 비슷하다고 이야기한다. 스마트폰에 탑재된 기술들이 모두 '새로운' 기술이 아니었다. 통화, TV 시청, 문서 작성, 게임, 음악 재생 등 다양한 기능을 하나로 묶어 스마트폰을 탄생시켰다. 애플은 융합을 토대로 스마트폰 시장을 창출했고, 여기서 모바일 게임, 웹툰, SNS라는 새로운 산업이 파생됐다. 이는 우리 사회를 송두리째 바꾸었다.

하이퍼루프 또한 마찬가지다. 이관섭 소장은 이렇게 강조한다.

한국형 하이퍼루프 모델인 '하이퍼튜브익스프레스(HTX)'의 상상도.
ⓒ 한국철도기술연구원

한국철도기술연구원에서 개발한 아진공 기밀튜브. 내부를 1000분의 1기압 이하로 낮추고 기밀을 유지하는 구조물이다.
ⓒ 한국철도기술연구원

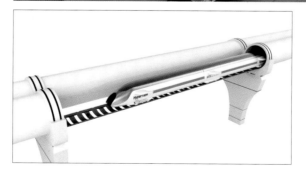

한국형 하이퍼루프인 HTX는 최고 시속 1200km를 목표로 하고 있다.
ⓒ 한국철도기술연구원

"보이지 않으면 불안해합니다. 하이퍼루프 개념이 처음 나왔을 때 그랬습니다. 지금은 달라졌습니다. 캡슐, 터널이 제작됐고 시속 1000km를 구현하기 위해 무수히 많은 연구가 지금도 진행되고 있습니다. 하이퍼루프가 상용화되는 날, 우리 사회는 지금과 상상할 수 없는 변화를 맞이할 것입니다. 그리고 그 시기는 조금씩 빨라지고 있습니다."

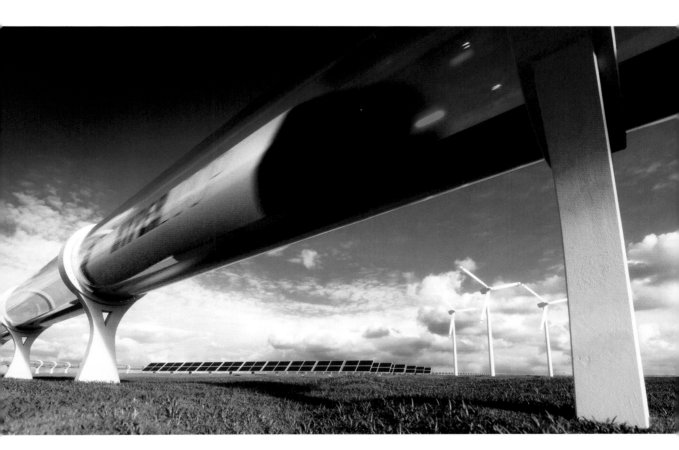

6

뇌-기계
인터페이스(BMI)

김상현

• • •

어릴 적 꿈꿨던 과학자가 되기 위해 대학에서 기계설계 및 공업디자인을 전공했으나 능력의 한계를 느끼고 그들의 이야기를 쓰는 작가가 되기로 결심. '동아사이언스' 등에서 과학에 대한 글을 쓰거나 라디오를 통해 과학 이야기를 전하고 있다. 현재는 기자 활동과 함께 후진 양성을 위한 과학 영상 제작이나 강연에 힘을 쏟고 있다. 유튜브 채널 '울트라고릴라 TV'에서 '위클리사이언스뉴스' 등을 진행하고 있으며, KAIST 지식재산전략 최고위과정 연구 과제 경쟁에서 최우수 연구상을 수상했다. 저서로 『어린이를 위한 인공지능과 4차 산업혁명 이야기』, 『어린이를 위한 4차 산업혁명 직업 탐험대』(2019년 우수과학도서 선정) 등이 있다.

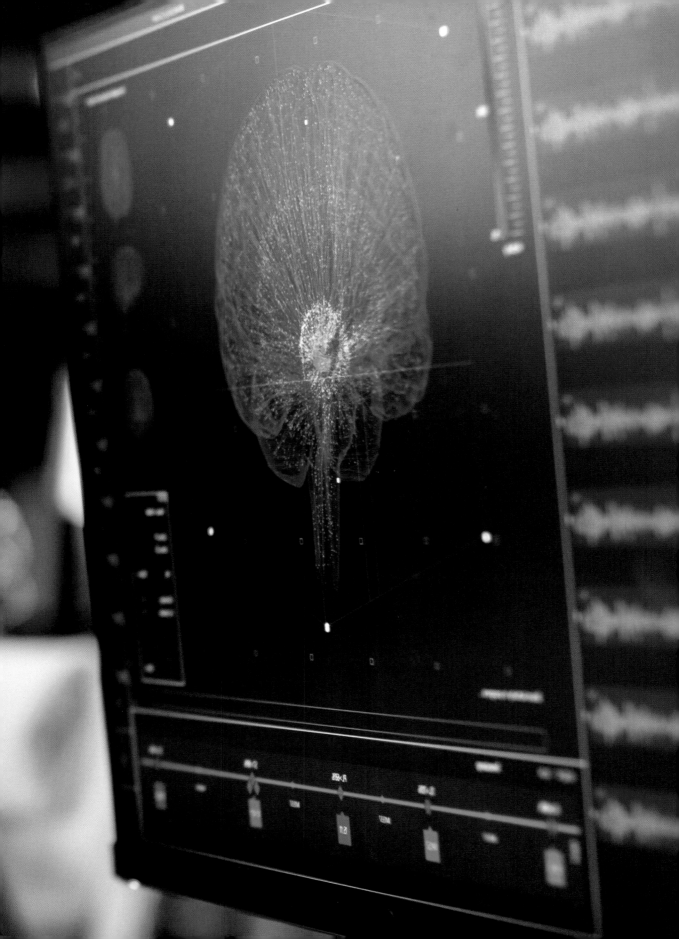

왜 돼지 머리에 칩을 심었을까?

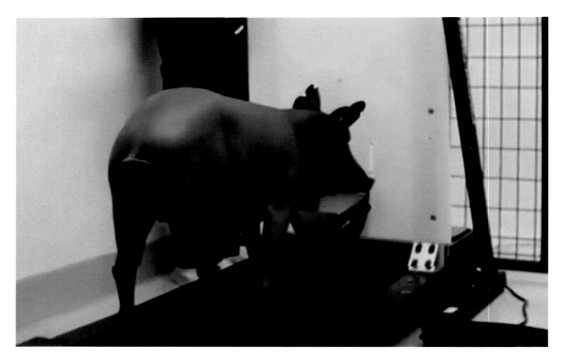

READING BRAIN ACTIVITY

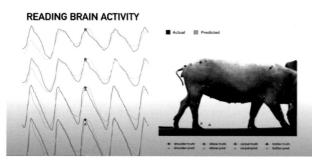

2020년 8월 뉴럴링크는 뇌에 뇌파를 수집하는 칩을 심은 돼지 '거트루드'를 유튜브로 공개했다. 사지의 움직임에 따라 나타나는 뇌파를 읽어냄으로써 신경질환을 이해하는 데 도움을 얻을 수 있다.
ⓒ Neuralink

일본의 애니메이션 회사 '가이낙스'에서 1995년 제작한 애니메이션 '신세기 에반게리온'에는 가상의 미래(작중 2015년) 속 지구를 습격하는 정체불명의 존재와 싸우는 거대 병기 로봇이 등장한다. 에반게리온이라 불리는 이 로봇은 사람이 탑승해 조종하는 거대 인조인간(높이 약 80m)이다. 흥미롭게도 에반게리온은 조종사와 'A10 신경'을 연결해 움직인다. A10 신경은 실제로 인간의 뇌간에서 신경 전달 물질인 도파민 때문에 쾌감과 각성을 일으키는 부위다. 그래서 에반게리온이 조종사의 정신 상태에 큰 영향을 받는 것으로 표현되는지도 모르겠다. 이 시스템은 2013년 개봉한 영화 '퍼시픽 림'에서도 거대 로봇 '예거'의 조종 방식에 비슷하게 차용한다. 다만 '예거'는 로봇과 조종사 두 명의 뇌파를 연결한다.

1976년 첫선을 보인 지 30년 만인 2006년에 재개봉한 '로보트 태권V' 포스터. 조종사와 신경을 연결해 움직임을 그대로 따라 한다는 설정은 독특하다.
© (주)로보트태권브이

사실 조종사와 신경을 연결해 움직임을 그대로 따라 한다는 설정은 이미 1976년 우리나라에도 있었다. 바로 국산 로봇 애니메이션의 조상 격인 '로보트 태권V'가 채택했다. 태권V는 태권도 유단자인 훈이의 정신과 연결돼 그의 태권도 실력을 그대로 발휘한다. 세계 챔피언인 훈이의 태권도 실력이 있기에 태권V의 전투력이 그토록 높은 것이다. 태권V는 오랫동안 일본의 마징가Z와의 표절 논란이 이어져 왔지만, 이 시스템만은 자유롭다. 당시까지 일본 로봇 중에 태권V 같은 시스템은 '투장 다이모스' 같은 일부 경우 외에는 찾아보기 힘들었기 때문이다.

이런 식으로 뇌와 기계를 직접 연결해서 조작하는 방식을 뇌-기계 인터페이스(Brain-Machine Interface, BMI) 또는 뇌-컴퓨터 인터페이스(Brain-Computer Interface, BCI)라고 한다. 다른 말로는 정신-기계 인터페이스(Mind-Machine Interface, MMI)나 DNI(Direct Neural Interface)라고도 불린다. 이 시스템이 세계적으로 관심을 끌게 된 데는 테슬라 창업자이자 괴짜 천재로 불리는 일론 머스크의 공이 크다. 머스크는 2016년 뉴럴링크라는 회사를 설립하고 인간의 뇌와 컴퓨터를 연결하는 BMI 연구를 본격적으로 시작했다. 머스크가 BMI 연구를 시작한 이유는 휴먼증강(Human Augmentation)과 관련 있다. 휴먼증강은 과학기술과 결합해서 능력을 단순히 향상하는 것을 넘어 인간 자체를 변형하는 인공 진화 기술이다. 휴먼증강 기술은 미국 과학재단(NSF)이 2003년에 발간한 보고서 '인간능력 향상을 위한 융합기술: 나노기술, 바이오기술, 정보기술, 인지과학'에서 처음 언급했다. 여기에 BMI 기술이 등장한다.

일론 머스크는 돼지 '거투르드'를 공개한 자리에서 BMI 관련 업체 '뉴럴링크'와 자신의 야심을 발표했다.
© flickr/Steve Jurvetson

머스크는 인공지능에 뒤지지 않도록 인간의 지능을 증강하기 위해 BMI를 선택했다고 밝혔다. 인간의 뇌와 컴퓨터를 연결해 생각을 올

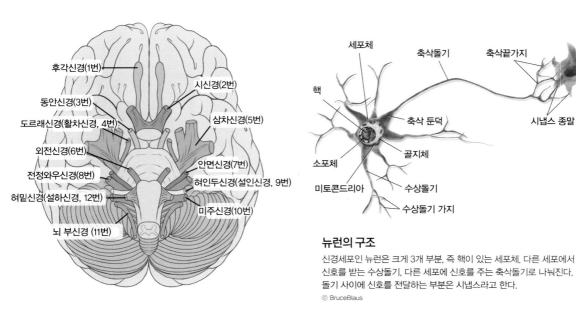

뉴런의 구조

신경세포인 뉴런은 크게 3개 부분, 즉 핵이 있는 세포체, 다른 세포에서
신호를 받는 수상돌기, 다른 세포에 신호를 주는 축삭돌기로 나눠진다.
돌기 사이에 신호를 전달하는 부분은 시냅스라고 한다.
© BruceBlaus

뇌신경의 종류와 위치

인간 뇌에는 감각, 운동을 담당하는
뇌신경이 12개가 존재한다. 후각신경,
시신경, 전정와우신경은 감각 성분만
존재하는 신경이며, 동안신경,
도르래신경, 외전신경, 부신경,
혀밑신경은 운동 성분만으로 구성된
신경이고, 삼차신경, 안면신경,
허인두신경, 미주신경은 감각과 운동
성분 모두 존재하는 신경이다.
© Patrick J. Lynch

리고 내릴 수 있다면 인공지능을 하나의 보조 장치로 사용할 수 있을 것
으로 내다봤다. 머스크는 대표적으로 인공지능을 위험하다고 여기는 인
물이다. 2019년 알리바바의 마윈 회장과의 대담에서 "일반적으로 모두
가 AI의 능력을 '똑똑한 사람' 정도로 과소평가하고 있다"라며 "실제로
AI는 이것보다 더 대단할 것"이라고 전망한 바 있다.

뉴럴링크는 2020년 8월 뇌에 컴퓨터 칩을 이식한 돼지 '거투르드'
를 유튜브로 공개했다. 이 돼지는 뇌파 신호를 수집하는 '링크 0.9'라는
칩을 뇌에 달고 있었다. 가로 23mm, 세로 8mm의 이 칩은 수집한 뇌파
를 초당 10메가비트 속도로 무선 전송했다. 사람들은 유튜브를 통해 거
투르드의 행동에 따라 실시간으로 변하는 뇌 신호를 직접 눈으로 확인
했다. 머스크는 "이 연구를 통해 기억 상실, 청력 상실, 우울증, 불면증
에 이르기까지 다양한 신경학적 문제를 해결하는 데 도움을 받을 수 있
다"라며 "이용자의 건강을 모니터링하고 심장 마비가 오면 경고할 수
있다"고 말했다.

한 괴짜 사업가가 돼지 한 마리로 세상을 놀라게 하자, 알파고가
인공지능을 긴 잠에서 깨웠던 것처럼 BMI가 기지개를 펴기 시작했다.
아직 인간의 뇌에 직접 칩을 심는 데까지는 갈 길이 멀지만, 관련 연구
에 대한 소식이 지구촌 곳곳에서 들려오기 시작했다.

뇌를 기계와 직접 연결하는 휴먼증강 기술

BMI의 원리는 간단하다. 인간의 뇌에 있는 뉴런(neuron)이라 불리는 신경세포에 전선을 연결한 뒤 거기서 나오는 신호를 분석해 기계가 사용할 수 있게 코딩만 해주면 된다. 좀 더 자세하게 설명해보자. 뇌의 중추신경 단면의 측두엽(temporal lobe) 신경세포 수상돌기(dendrite)에 흐르는 전류는 전기장과 자기장을 형성해 전기적, 자기적 뇌파 신호를 발생한다. 여기에 전선을 연결하면 뇌가 활동할 때 생기는 전기적 활동을 기록해 컴퓨터로 보낸다. 그러면 컴퓨터는 그 신호를 기계가 이해하도록 변환해 뇌가 몸에 주려 한 명령을 그대로 기계에 내리는 것이다.

이 작업이 결코 간단하지 않다는 점은 독자들도 이미 알고 있을 것이라 생각한다. 뇌가 살아 있는 한 뉴런은 쉬지 않고 서로에게 신호를 보낸다. 인간이 세상 모든 것과 상호 작용하면서 생각하고 느끼는 것은 약 800억 개의 뉴런이 활동하는 결과로 이뤄진다. 그러니 일단 이 800억 개 중 어떤 뉴런이 무슨 역할을 하는지 알아내는 것이 중요하다. 몇 가닥을 연결해야 기계를 생각대로 구동할 수 있는지도 알아야 한다. 800억 개의 뉴런을 하나하나 확인하면서 기능을 찾아낸다는 건 상식적으로 봐도 불가능에 가깝다.

그래서 과학자들은 신경영상법을 통해 뇌 활동의 변화를 직접 관찰하면서 분석해 왔다. 뇌의 활성화를 검출하는 신경영상법은 뇌의 전기적 활동에 관여하는 신경 활성화를 직접 검출하는 뇌파계(electroencephalograph, EEG), 뇌 활동에 수반하는 자기장을 측정하는 뇌자계(magnetoencephalograph, MEG)를 이용하는 방법, 신경 활동에 관계하는 혈류변화 반응을 검출하는 양전자 방출 단층 촬영술(Positron Emission Tomography, PET), 기능성 자기공명영상법(functional Magnetic Resonance Imaging, fMRI), 근적외선 분광기법(Near-Infrared Spectroscopy, NIRS) 등이 있다.

머리에 뇌파검사 모자를 쓰고
뇌전도(뇌파)를 측정하고 있다.
© Waterloo Engineering Bionics Lab

BMI 기술은 주로 이런 신경영상법을 활용하고 있다. EEG를 이용한 BMI는 인간이 생각할 때 생성하는 뇌파를 감지해 기계, 컴퓨터 등을 제어하는 방식이다. EEG는 뇌의 생리학적 활동에서 발생하는 아주 작은 뇌파 신호를 두피에 붙인 전극으로 측정해 뇌파 신호의 주파수 성분을 분석하는 장치이다. 이때 얻은 뇌파 신호를 뇌전도라고 한다. 즉 EEG를 이용한 BMI의 경우 인간의 모든 행동이 뇌의 활동으로 인한 생각으로부터 이뤄진다는 것을 기본 전제로 두고 뇌전도를 분석해 인간의 의지를 추정한다. 현재 가장 다양한 연구가 진행되고 있는 분야이며, 장애인을 위한 휠체어나 의수, 의족, 그리고 가상공간에서 진행하는 게임 등에도 활용하고 있다.

fMRI 신호를 이용하는 방법도 있다. 자기공명영상법(MRI)은 거대한 자기장이 발생하는 장치에 고주파를 이용해 수소원자핵을 공명 상태로 만들어 신체 내부를 측정하는 방법인데, 이를 이용해 뇌 활동을 촬영하는 방법이 바로 fMRI이다. 뇌 신경세포가 활성화되려면 산소가 필요하다. 이때 신경세포 주위의 뇌혈관으로 산소를 포함한 헤모글로빈(옥시헤모글로빈)이 모여들고, 옥시헤모글로빈은 산소를 공급하고 산소가 없는 헤모글로빈(디옥시헤모글로빈)으로 변한다. 그런데 옥시헤모글로빈과 디옥시헤모글로빈이 자기장에 반응하는 정도가 상당히 다르다. 따라서 뇌 신경세포가 활성화되면 옥시헤모글로빈이 증가해 fMRI 신호가 강하게 나타난다. 이 때문에 fMRI 신호를 '혈액 내 산소 수준에 따라 달라지는 신호(Blood Oxygen Level Dependence 신호, 즉 BOLD 신호)'라고 한다. 이렇게 BOLD 신호로 얻은 영상에 의해 인지 활동으로 활성화하는 뇌 영역의 위치를 보여줄 수 있다. 이 데이터를 이용하면 뇌파 탐지 없이도 로봇이나 컴퓨터를 제어할 수 있다.

NIRS도 좋은 소스다. 두피에 광극(optode)을 꽂은 뒤 근적외선(파장 650~1000nm)을 뇌에 투사해 뇌 조직을 투과한 빛을 검출하는데, 이 빛으로 뇌 신경의 활성화를 모니터링하는 신경 영상기술이 NIRS다.

최근에는 직접 칩을 대뇌피질에 이식해 뇌 신호를 정확하게 검출하는 방법도 나왔다. 뇌파나 혈류신호를 검출해 기계를 조작하는 것은 반응 속도가 느리고 사용자의 정신적 피로도가 높을 수밖에

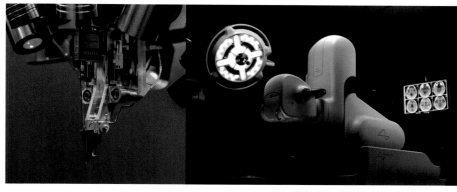

뉴럴링크에서 개발한 칩 이식 로봇 'V2'. 동물이나 사람의 뇌에 전극 칩을 이식하는데, 1시간 안에 뇌 속에 미세 전극 1024개를 심는 것을 목표로 하고 있다.
© Neuralink

없다. 하지만 뇌에 전극을 이식하면 두개골 바깥에 있는 전극과 뉴런의 거리가 멀리 떨어져 있는 비침습성에 비해 월등히 높은 성능을 기대할 수 있다.

실제로 2019년 뉴럴링크는 쥐의 뇌에 전극을 약 3000개 삽입한 신경 인터페이스를 만들었다고 발표했다. 물론 사람이 아닌 수술 로봇이 집도했으며, 이 로봇은 전극을 분당 30~200개씩 이식할 수 있다고 한다. 뇌의 표면을 덮는 혈관을 다치게 하지 않으면서 이식하는 기술은 참관자들을 놀라게 하기 충분했다.

BMI를 위한 뇌 연구, 전 세계가 경쟁

1960년대 초 미국의 조지프 리클라이더(Joseph Licklider)는 인간 뇌에서 나오는 전기 신호를 인지처리에 활용할 가능성에 대한 논문을 발표했다. 리클라이더는 '인간-컴퓨터 공생'이라는 제목의 이 논문에서 "머지않아 인간 두뇌와 컴퓨터 장치가 아주 강력하게 결합할 것"이라고 주장했다. 그리고 그는 "그 결과 나타나는 협력 관계는 인간이 예전에는 생각하지 못했던 것을 생각하게 할 것이고, 오늘날 우리가 알고 있는 정보처리 장치들에 의해 접근할 수 없는 방식으로 데이터를 처리하게 할 것"이라고 주장했다.

이 논문이 발표된 뒤 1970년대와 1980년대에는 미국고등연구계

미국의 조지프 리클라이더는
1960년대 초 BMI의 가능성을
제시한 선구자이다.
ⓒ hcipioneers

획국(ARPA)의 후원으로 뇌파를 활용한 군 장비 제어에 대한 가설을 실험하는 '생체 인공두뇌 연구와 학습 전략' 프로젝트들이 다양하게 진행됐다. 이때는 주로 군 장비의 선택과 훈련, 그리고 장비 조종자의 온라인 상태 감시를 위한 인간과 컴퓨터 간 '닫힌 루프 피드백 시스템(Closed Loop Feedback Systems)' 구현을 시도했다.

이어서 1980년대와 1990년대 초에는 미국방위고등연구계획국(DARPA)이 PA 프로그램(Pilot's Associate Program)을 후원했다. PA 프로그램은 조종사의 임무 수행을 지원하는 인공지능과 인지 모델링 통합 시스템이다. 이는 인공지능, 인지 모델링, PVI(Pilot Vehicle Interface) 등 5개 요소로 구성됐다. 특히 이때 연구한 PVI 시스템은 참여 조종사의 의도를 예상해 PA 시스템의 다른 구성 요소에 전달하는 것을 목표로 했다. 점차 연구는 사람의 손을 거치지 않고 생각만으로 물체를 움직이는 내용으로 발전한다. 그러기 위해서는 뇌 신호를 처리할 수 있는 방법이 필요했다. 즉 뇌 안에 있는 신경 활성과 그 역할을 이해해야 한다는 뜻이다. 먼저 뇌를 연구하는 것이 중요해진 것이다. 세계 각국에서 뇌의 비밀을 풀어내고 이를 컴퓨터와 연결해 활용하기 위한 연구가 이어지고 있다. 미국은 101차 미국 상·하원 합동회의에서 1990년대를 '뇌의 10년(Decade of Brain)'으로 정했다. 이후로 국가 차원에서 뇌 연구부문에 연간 10조 원을 지원하며 관련 연구에 공을 들이기 시작했다. 이를 통해 뇌에 대한 많은 비밀이 풀리기 시작했고 그 성과는 현재까지 이어지고 있다.

덕분에 미국의 BMI 기술도 함께 발전하면서 눈에 띄는 성과가 나타나기 시작했다. 2006년 미국 하버드대 의대 매사추세츠 종합병원 연구원 레이 호치버그 박사 연구팀이 척수마비 환자 2명을 대상으로 BMI 관련 임상 시험을 진행해 국제학술지 〈네이처〉에 결과를 발표했다. 이 환자들은 생각만으로 컴퓨터의 마우스 위치를 옮기거나 로봇 팔을 움직이는 데 성공했다. 2012년에는 미국 피츠버그대 앤드루 스워츠 교수 연구팀이 뇌에 칩을 삽입한 사지마비 환자가 생각만으로 로봇팔을 움직여

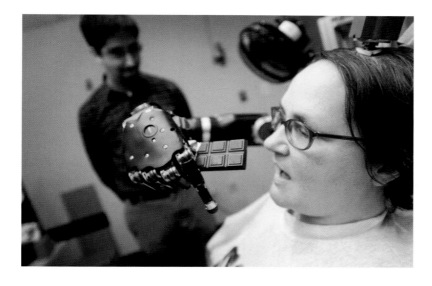

사지마비 환자가 생각만으로
로봇팔을 움직여 초콜릿을
먹고 있다.
ⓒ UPMC

초콜릿을 먹는 데 성공하는 실험을 했다.

미국 국립보건원(NIH)은 '2009-2010 NIH 신경과학 청사진'을 통해 신경과학의 원대한 도전 방향을 설정하고, 건강한 성인의 뇌신경 영상을 해독해 뇌신경 연결 구조와 기능, DNA 샘플, 인구 정보, 실증 영상데이터를 수집한 뒤, 뇌신경 연결 구조와 습관에 따른 개인차 연계를 규명하는 '인간 커넥톰 프로젝트'를 진행했다. NIH는 150개 이상의 관련 연구실을 연합한 신경과학 연구 그룹을 운영했는데, 신경과학 관련 연구소(NEI, NIA, NINDS, NIMH, NICHD) 예산이 NIH 전체 예산 중 20% 이상을 차지했다.

유럽연합(EU)은 '미래 신생 기술(Future and Emerging Technologies, FET) 플래그십 프로그램'의 하나로 '인간 뇌 프로젝트(Human Brain Project, HBP)'를 중점 지원하고 있다. HBP는 인간 뇌를 컴퓨터로 시뮬레이션하고, 신경계를 모방한 하드웨어를 구현하려는 연구다. 미국, EU뿐만 아니라 일본 역시 뇌 연구의 중요성을 느끼고 과학기술청(STA) 주도하에 20년간(1997~2016년) 2조 엔을 투입하는 '뇌과학 프로젝트(Brain Science Project)'를 추진했다. 매년 50~80억 엔을 투입해 뇌 관련 연구를 진행했다. 일본의 최대 연구소인 이화학연구

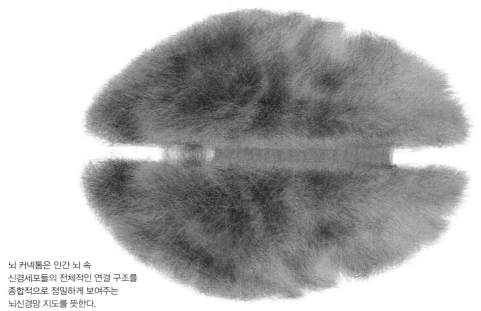

뇌 커넥톰은 인간 뇌 속
신경세포들의 전체적인 연결 구조를
종합적으로 정밀하게 보여주는
뇌신경망 지도를 뜻한다.
ⓒ Andreashorn

소(RIKEN)는 1997년 산하에 연구원 2000명 규모의 뇌과학종합연구소(Brain Science Institute)를 설립했고, 뇌와 관련해 다양한 연구를 해 왔다. 최근 미국과 경제 패권을 다투고 있는 중국 역시 관련 연구에 공을 들이고 있다. 중국과학원 뇌신경과학연구소는 1999년 11월 60명 규모로 상하이에 설립된 뒤 '신경 신호 전달(Neural Signal Transduction)'를 비롯한 세부 주제별로 25개의 실험실을 두고 있다. 뇌 분야 석학들로 구성된 국제자문위원회로부터 조직 및 운영에 대한 자문을 받고 있으며, 국내외 연구 그룹과 공동 연구를 하고 있다. 중국은 1995년 전 세계 뇌과학 분야 논문의 0.7%를 차지하며 국가 순위가 24위에 그쳤으나, 2009년에는 전체 논문의 7.4%를 차지해 일본의 7.7%의 바로 뒤인 4위까지 급상승한 바 있다.

로봇 의수 같은 장애 극복용 BMI 기술

일론 머스크가 유튜브에 뇌에 컴퓨터 칩을 이식한 돼지의 생활을 공개하기 이전에도 뇌파를 이용한 기계 조작 실험은 다양하게 진행돼 왔다. 대표적인 사례가 바로 2003년 발표한, 원숭이의 뇌파로 로봇팔을 움직이는 연구다. 미국 듀크대학 미겔 니코렐리스(Miguel Nicolelis)

니코렐리스 교수는 2014년 브라질 월드컵 개막식에서 다리 마비 환자에게 외골격 슈트를 입혀 생각만으로 공을 차게 만드는 데 성공했다.
ⓒ Walk Again Project/UC Davis

교수 연구팀이 미국 국방성의 지원으로 이 연구를 진행했다. 원숭이 뇌에 얇은 전극을 이식한 뒤 이 전극을 컴퓨터로 연결하는 방식이다. 니코렐리스 교수는 원숭이에게 조이스틱을 이용해 모니터 화면 속의 커서를 목표물에 맞추도록 훈련하고, 원숭이가 조이스틱을 움직일 때마다 나오는 뇌파를 조사했다. 조이스틱을 치운 뒤 같은 게임을 시켰더니 뇌파가 전극을 통해 컴퓨터로 전달되면서 로봇 팔이 움직였다.

2007년 니코렐리스 교수는 미리 훈련된 원숭이의 뇌파 움직임만을 이용해 인간형 로봇을 트레드밀 위에서 걷게 하는 연구를 했다. 이때는 뇌에서 다리 운동을 주관하는 부분에 전극을 심어, 보행 중에 활성화된 250~300개 뉴런의 활동 정보를 수집했다. 트레드밀 위를 걷는 원숭이의 뇌파를 컴퓨터가 받아 키 1.5m에 몸무게 90kg짜리 인간형 로봇에 보냈더니, 로봇이 원숭이의 보행 패턴과 비슷하게 트레드밀 위를 걷기 시작했다.

이 실험 뒤 니코렐리스 교수는 다리 마비 환자의 재활에 대한 아이디어를 냈다. 사람이 뇌에 전극을 달고 허리에 송신기를 찬 뒤 다리에 장착한 보정 기구에 뇌파를 보내면 원하는 대로 걸을 수 있을 것으로 생각했다. 그리고 2014년 브라질 월드컵에서 교통사고로 다리가 마비된 환자에게 외골격 슈트를 입혀 시축에 성공했다. 월드컵 개막을 기념해

미국 듀크대학의 미겔 니코렐리스 교수.
ⓒ Campus Party Brasil

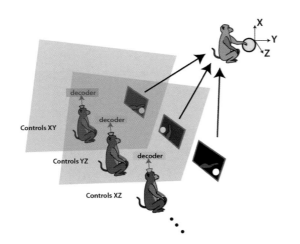

니코렐리스 교수가 설계한 브레인넷 실험.
ⓒ Scientific Reports/Miguel A.L, Nicolelis

중증 언어장애 또는 사지마비 환자를 대상으로 BMI 활용
가능성을 검토하는 실험을 하고 있다. 뇌파만으로 컴퓨터를
제어할 수 있는지 알아보는 실험이다.
ⓒ RERC on AAC

공을 찬 것이다. 니코렐리스 교수는 여기서 그치지 않고 2015년에는 3마리의 원숭이 뇌를 서로 연결하는 실험에도 성공했다. 브레인넷(Brainet)이라 불린 이 실험은 3마리의 원숭이 뇌를 연결해 가상의 로봇 팔을 더욱 정교하게 움직이는 실험이다. 원숭이들은 7주가량 훈련을 받은 뒤 가상의 로봇 팔로 목표물을 만지는 데 익숙해졌다.

미국 존스홉킨스대학은 DARPA의 지원을 받아 뇌파, 가슴신경 관련 신호를 사용해 로봇 의수를 움직이는 연구를 하고 있다. 전쟁터에서 부상으로 팔다리를 잃은 병사들을 위한 연구다. 존스홉킨스대학은 2014년 양팔 로봇 의수를 테스트해 성공했다. 다만 외과 의사가 잘려나간 신경 말단을 로봇 의수와 연결한 뒤 진행됐다.

에디슨의 환생이라고 칭송받는 미국 발명가 딘 카멘(Dean Kamen)은 로봇 의수 '데카 암(DEKA Arm)'을 개발해 임상에 사용할 수 있도록 미국식품의약국(FDA)의 승인까지 받았다. 이 로봇 의수는 착용자의 남은 근육에서 나오는 신호를 받아 사용자의 의지대로 움직이는데, 이 의수로 암벽 등반까지 가능한 것으로 밝혀져 세상을 놀라게 했다. 뇌파를 직접 받아 활용하진 않지만, 사람이 생각할 때 몸에서 나오는 전기 신호를 데이터화해 로봇 의수를 구동했다는 점에서 BMI 기술과 흡사하다. 뇌에 직접 칩을 심어 의수를 움직이게 하는 연구는 미국 캘리포니아공과대학에서 진행했다. 이 대학의 리처드 앤더슨 교수는 2015년 사람의 의도를 읽을 수 있는 칩을 전신 마비 장애인 애릭 소토의 두뇌 신경에 심어 전기 신호를 로봇에 보냈다. 그 결과 애릭 소토는 자신의 힘으로 음료를 마실 수 있었으며, 가위바위보도 할 수 있었다. 이때 앤더슨 교수가 전극을 연결한 부위는 뇌의 후

두정엽(뇌의 정수리 뒤쪽 부분)이었다.

스위스 국립로잔공대에서는 2011년 휠체어에 BMI 기술을 적용해 탑승자가 원하는 대로 이동하는 기술을 발표했다. 이 대학의 톰 칼슨 박사는 뇌에서 운동을 관장하는 부분의 두피에 연결한 센서가 뇌파를 감지하기 때문이라고 설명했다.

뇌 임플란트도 가능할까?

가끔 비디오 게임을 하다 보면 손가락이 생각처럼 움직이지 않아 좌절하는 경우가 많다. 남들은 정확한 컨트롤로 제대로 된 동작이 나오는데, 이상하게 계속 허공에 주먹질만 하다가 끝난다. 나이가 들면서 더욱 손발이 뜻대로 움직이지 않는 것을 느낀다. 그럴 때면 그냥 생각하는 대로 캐릭터가 즉각 반응하면 좋겠다는 생각이 자연스럽게 든다.

호주 이모티브 시스템사는 2010년 게임 헤드셋 '이모티브 에폭(Emotiv Epoc)'을 발표했다. 헬멧에 장착된 센서가 플레이어의 뇌파를 읽어 새로운 방식으로 게임을 할 수 있는 시스템이다. 2014년에는 이를 발전시킨 '이모티브 에폭 뉴로헤드셋'을 공개했다. 이 제품은 12시간 동안 연속 사용이 가능하며 뇌파를 감지하는 14개의 센서를 달고 있다. 센서를 통해 수집한 뇌파를 소프트웨어가 분석하고, 검출한 정보를 무선으로 수신기에 보내 PC나 게임 콘솔에 정보를 전달하는 방식이다. 당시 이모티브 시스템은 이 헤드셋을 이용해 생각만으로 화염구(불덩어리)를 쏘거나 지형을 바꾸는 능력을 사용할 수 있는 게임을 함께 발표해 주목을 받았다. 여기서 더 발전해 최근에는 '이모티브 인사이트'라는 제품을 출시했다. 이 장치에는 5개의 뇌파 센서와 2개의 추가 센서를 장착했다. 3축 자이로스코프(회전의), 가속도계와 자력계를 장착해 사용자 머리에서 나오는, 모든 움직임에 대한 뇌파를 추적하고 이를 제어 명령으로 변환할 수 있다.

KAIST에 연구소를 둔 미국 실리콘밸리 기업 뉴로스카이는 일명

호주 이모티브 시스템사가 개발한 게임 헤드셋 '이모티브 에폭 뉴로헤드셋'. 뇌파를 읽는 센서 덕분에 게임을 할 때 생각만으로 불덩어리를 쏘거나 지형을 바꿀 수 있다.
ⓒ Touam

스타워즈 포스 트레이너 II.

'염력 게임'이라 불리는 '스타워즈 포스 트레이너'를 개발했다. 뇌파 중 베타파가 상승하면 튜브 속 공이 떠오르고 알파파가 강해지면 공이 내려가는 원리로 일종의 집중력 훈련기다. 2015년에는 영화 스타워즈의 루카스필름과 파트너십을 계약하고 '포스 트레이너 II'를 내놓았다. 본체 상판에 태블릿이나 스마트폰 등을 올려놓고 앱을 구동하면 상단과 하단 사이에 있는 유리막에 홀로그램이 만들어진다. 집중도에 따라 이 홀로그램을 10단계로 제어할 수 있다. 홀로그램으로 나타난 우주선을 이륙시키거나 착륙시킬 수 있고 다른 형태로 변신시킬 수도 있다. 실제 스타워즈 주인공 요다의 목소리가 흘러나와 실제 제다이 훈련을 받는 듯한 느낌까지 든다.

한국뇌연구원 김기범 연구원이 개발한 '뇌파 드론'도 뇌파를 이용한 장난감이다. 뇌파로 조종하는 이 드론은 뇌파 중 알파파와 베타파의 변화를 감지해 움직인다. 이런 뇌파 게임이나 장난감은 주의력결핍과 잉행동장애(ADHD) 증후군을 보이는 아이들에게 효과적인 치료도구가 될 수 있다는 것이 전문가들의 의견이다. 예를 들어 뉴로메이지라는 게임은 뇌전도 헤드폰을 쓰고 마법사처럼 마법을 써서 적을 물리치는 게임이다. 이 게임에서 마법을 제대로 사용하기 위해서는 안정적인 상태가 돼야 한다. 그러니까 뇌파가 안정된다면 마법을 쓸 수 있지만, 뇌파가 불안정하다면 아무것도 할 수 없다는 의미다. 게임을 진행하다 보면 어느 순간 안정적인 정신 상태를 유지하는 자신을 발견한다. 실제로 ADHD 치료에 이미 뇌파 게임이 쓰이고 있다. 뉴로 피드백이라고 불리는 치료법으로 일종의 뇌 훈련법이다. 자신의 상태에 따라 뇌가 어떻게 반응하는지 정확히 알고 이를 통해 집중력을 높이는 방법이다. 이런 훈련을 계속하면 집중력을 높이는 것이 습관이 될 수 있다.

그 외에도 BMI를 이용한 두뇌 훈련 프로그램은 곳곳에서 개발되고 있다. ADHD 외에도 다양한 의료 분야에서 BMI 기술이 활용되고 있다. 최근 호주 멜버른대 연구진은 작은 클립 크기의 소형 뇌 장치 '스텐트로드(Stentrode)'를 이용해 인간의 뇌를 윈도 10 컴퓨터에 연결하는

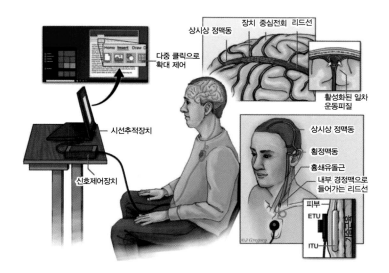

호주 멜버른대 연구진의 BMI 실험

스텐트로드라는 소형 장치의 전극을
루게릭병 환자의 뇌에 삽입해 컴퓨터에
연결한 뒤 생각만으로 컴퓨터를 제어하게
만드는 데 성공했다.
© Journal of Neurointerventional Surgery

데 성공했다. 2016년 연구진이 DARPA의 지원을 받아 개발한 스텐트로드는 두개골을 열 필요 없이 목의 경정맥에 삽입해 뇌 근처의 혈관에 자리 잡을 수 있게 해준다. 연구진은 이 장치로 전극을 목의 경정맥을 통해 뇌의 일차 운동 피질까지 밀어 올렸다. 전극들은 혈관 벽에 자리 잡고 뇌 신호를 감지해 컴퓨터에 알려준다. 루게릭병이라 불리는 근위축성측삭경화증(ALS) 환자 2명을 대상으로 실험했는데, 2명은 마우스와 키보드 없이 해당 이식 장치와 시선추적장치(eye-tracker)로 컴퓨터 커서를 조종해 윈도 10 운영체제를 제어하는 데 성공했다. 이 연구 성과는 〈신경중재수술 저널(JNIS)〉에 실려 BMI 기술이 의료 쪽에 활용할 수 있음을 증명했다. 신경계에서 기억을 관장하고 있는 신경회로가 손상돼 기억의 저장과 추출이 원활하지 않을 때 칩을 이식해 새로운 기억이나 지식을 생성하거나 기존 기억을 삭제할 수 있는 기술도 개발하는 중이다. 이런 기술을 '뇌 임플란트'라고 부른다. 기억형성에 가장 중요한 역할을 하는 해마에 칩을 이식해 기억에 영향을 주는 방식이다.

　　우리나라도 1998년 '뇌연구촉진법'을 제정하고 한국뇌연구원을 비롯해 KAIST, 가천의과대학, 한양대, 고려대 등 많은 대학에서 BMI 관련 기술을 연구하고 있다. 하지만 뇌 연구에 필요한 국가영장류센터를 선진국에 비해 매우 늦은 2005년에 도입했고 뇌과학 분야 종합연구기관도 뒤늦은 2012년에 설립되면서 선진국과 상당한 기술 격차가 벌어져 있다.

신체장애가 있는 선수들이 로봇의
도움을 받아 역량을 겨루는 대회인
사이배슬론에서 생각만으로
아바타를 움직이고 있다.
© Cybathlon

BMI 기술이 바꿔 놓을 미래

2019년 9월 세계 뇌신경과학총회를 개최한 한국뇌연구원 서판길 원장은 뇌를 선점해야 21세기 과학기술 강국이라고 강하게 이야기했다. 미국 매사추세츠공과대학(MIT)은 BMI를 미래 10대 기술로 선정했다. BMI 기술이 점점 더 중요한 분야로 부상한다는 점은 간단히 뇌 신호 처리 기술 관련 특허 출원 추세만 봐도 알 수 있다. 특허청에 따르면 뇌 신호 처리 기술 관련 특허 출원은 2001~2012년에 연평균 8.5건이었던 것에 비해 2013~2018년에는 연평균 68.8건까지 증가한 것으로 조사됐다.

그렇다면 BMI 기술을 어떤 분야에서 활용할 수 있을까? 환자가 아닌 일반인에게 활용되는 가장 대표적인 분야로 인터페이스를 들 수 있다. 기존 물리적인 인터페이스의 틀을 벗어나 사람의 감성을 이용할 수 있어 완전하게 새로운 컴퓨팅 환경을 만들어낼 수 있다. 인간이 어떤 상상을 하는가에 따라 무궁무진한 환경 변화를 가져올 수 있을 것으로 기대된다. 앞서 ADHD와 루게릭병에 대한 예시를 들었듯이 의료 분야에도 매우 혁신적인 성과를 꽃피울 수 있다. BMI를 완성하기 위해서는 인간의 뇌를 이해하는 것이 선행돼야 하며 그런 연구는 자연스럽게 뇌 신경계 질환의 원인 규명과 치료에도 큰 도움이 된다. 장애나 노화로 인한 거동의 불편함도 정상일 때와 동일하게 되돌릴 수 있음은 물론이다. 오히려 인간의 신체 능력 증강도 가능하다.

게임 업계에서도 BMI 기술을 주목하고 있다. 일단 생각하는 대로 아바타나 장치를 조종할 수 있다면 지금보다 훨씬 더 몰입해 게임을 즐길 수 있을 것으로 기대된다. 생각대로 움직이는 로봇을 개발해 영화 '아바타'처럼 활용할 수도 있다. 인간의 신경과 로봇을 쌍방향으로 연결할 수 있다면 산업 현장이나 재난 상황에서 원격 조종이 가능한 폭이 더욱 넓어질 수 있다.

　뇌를 분석해 인간의 감정까지 분석할 수 있다면 어떨까? 기업들은 마케팅에 적극 활용하는 것도 고민해볼 만하다. 이를 뉴로 마케팅이라 하며 소비자의 다양한 의사결정과 선택 과정에 뇌가 어떻게 반응하는지를 분석해 고객의 심리를 파악하고 마케팅에 반영할 수 있다. 불필요한 마케팅 비용의 절감은 물론이고 개인 맞춤형 서비스 제공에도 이보다 좋은 소스는 없을 것이다. 그 외에도 헬스케어나 인식 능력 및 운동 능력 강화, 각종 교육 등에 BMI를 이용할 수 있으니 그 활용도는 상상하기 나름이다. 인공지능이 아닌 인간의 뇌를 가장 잘 활용할 수 있는 방법으로 기대되는 BMI는 분명히 매력적인 차세대 연구 과제다. 인간의 뇌가 아직도 많은 부분이 비밀에 쌓여 있기 때문에 갈 길이 먼 것도 사실이다. 뇌의 구조와 발달, 뉴런의 화학적·전기적 현상, 뉴런 간의 상호작용 등 대부분이 아직 밝혀지지 않았다. 우리나라도 단지 조금 늦게 시작했다고 해서 선진국을 따라가려고 조바심 내지 않고 아직 많이 남은 뇌 연구 과제에 집중하는 것이 BMI 시장에서 크게 도약할 수 있는 방법이 아닐까.

미래에는 BMI 기술 덕분에 간단한 장치를 부착해 생각만으로 여러 가지 일을 할 수 있을 것이다. 사진은 뉴럴링크에서 제안한 장치. 귀 뒤에 붙인 소형 컴퓨터가 뇌로 들어가는 전선을 통해 연결된다.
ⓒ Neuralink

7

에너지 하베스팅

박응서

◆◆◆

고려대 화학과를 졸업하고, 과학기술학 협동과정에서
언론학 석사학위를 받았다. 동아일보 〈과학동아〉에서
기자 생활을 시작했고, 동아사이언스에서 eBiz팀과 온
라인뉴스팀에서 팀장을, 〈수학동아〉〈어린이과학동아〉
부편집장, 머니투데이방송 선임기자를 역임했으며, 현
재는 폴리뉴스 경제산업부장으로 있다. 지은 책으로는
『테크놀로지의 비밀찾기(공저)』,『기초기술연구회 10년
사(공저)』,『지역 경쟁력의 씨앗을 만드는 일곱 빛깔 무
지개(공저)』,『차세대 핵심인력양성을 위한 정보통신(공
저)』,『과학이슈11 시리즈(공저)』 등이 있다.

버려지는 에너지에서 전기를 생산한다?!

네덜란드에는 사람들이
춤추면 전기가 생기는 친환경
나이트클럽이 있다. 사람들이
발을 구르는 진동이 전기로
바뀌는 '에너지 플로어'가
설치된 덕분이다.
© Energy Floors

스마트폰을 사용하다 보면 가끔씩 야외에서 배터리가 부족해서 난감한 상황에 처할 때가 있다. 스마트폰 크기가 커지면서 배터리 용량도 증가했지만, 화면이 커지면서 상대적으로 사용하는 전기도 늘어 전력 소모가 빠르기 때문이다. 이럴 때 햇빛을 이용하거나 스마트폰을 흔들어서 스마트폰을 충전할 수 있으면 좋겠다는 생각을 한다.

최근 생활에서 버려지는 작은 에너지를 활용하는 에너지 하베스팅(energy harvesting)이 새로운 에너지 확보 기술로 주목받고 있다. 버려지는 에너지로부터 전기를 생산하는 에너지 하베스팅 기술은 필자의 바람도 충족시켜 줄 수 있을 것으로 기대된다. 태양과 바람, 파도, 진동, 열 등으로부터 에너지를 수확하는 에너지 하베스팅은 최근에는 '환경발전'으로도 주목받고 있다. 하베스트는 수확이라는 의미가 담긴 용어다.

태양전지 기술을 알리면서 처음 등장한 개념

다양한 에너지 하베스팅 기술 중에서 열과 진동을 이용해 전기를 얻는 방식이 대표적이다. 2020년에는 9월 7일 한국화학연구원 조성윤 연구원 연구팀이 열을 에너지로 바꿀 수 있는 스펀지형 열전소재를 개발했고, 7월 2일 KCC와 포스텍은 KCC 김천공장에서 발생한 폐열을 '열전모듈 기반 에너지 회수기술'로 회수해 전기를 생산하는 실험에 성공하기도 했다.

2015년 KAIST 전기및전자공학부 조병진 교수 연구팀은 유연한 열전소자를 밴드형으로 개발했는데, 손목에 착용해 체열로부터 전기가 발생한다는 사실을 확인했다. 이 소자는 웨어러블 기기의 배터리로 유망하다는 평가를 받으며, 2015년 유네스코에서 선정한 '세상을 바꿀 10대 기술' 중 그랑프리(대상)를 차지하기도 했다.

KAIST 조병진 교수 연구팀이 개발한 '웨어러블 발전장치'. 연구팀은 유연한 열전소자를 밴드형으로 개발해 손목에 착용하자 체열로부터 전기가 생긴다는 점을 확인했다.
© KAIST

또 진동을 이용해 전기를 만드는 압전발전은 사람과 자동차의 움직임뿐 아니라 빗방울 진동까지도 이용할 수 있다. 에너지 플로어, 지하철역, 도로 등에 적용하고 있다.

에너지 하베스팅이라는 개념은 1954년 미국 벨연구소가 태양전지 기술을 세상에 알리면서 처음 등장했다. 당시에는 태양 에너지 같은 자연 에너지는 사용할 수 없는 버려지는 에너지로 인식됐다. 그래서 이렇게 버려지는 에너지를 모아서 전기를 생산한다는 의미에서 '하베스트'라는 단어를 사용했다. 지금은 자연 에너지뿐 아니라 생활에서 낭비되는 모든 에너지를 전기 에너지로 바꾸는 기술이라는 의미로 확장해서 사용하고 있다. 학자들에 따라 신재생 에너지를 에너지 하베스팅의 일부로 보기도 한다. 그런데 버려지는 에너지에서 전기를 생산한다는 에너지 하베스팅 기술은 사실 전기 생산의 기본 원리에 가깝다.

수력과 화력도 에너지 하베스팅?

인류가 전기를 처음 발견하고 이를 이용하는 방법을 찾기 전까지 인류에게 수력이나 화력, 원자력 모두 버려지거나 쓰지 않는 에너지였다. 인류가 이것들을 에너지원으로 쓰기 시작할 당시는 인류에게 이를 사용할 수 있게 한 기술이 에너지 하베스팅 기술이었던 셈이다. 인류가 기술을 발전시키면서 버려지던 다양한 에너지원을 쓸모 있도록 사용할 수 있게 되면서 이것들은 유용한 에너지원으로 변신했다.

최근 친환경 에너지로 인기가 높은 태양광이나 풍력, 조력, 지열처럼 인류가 에너지로 바꿔서 사용하려고 하는 자연 에너지 대부분도 이전까지는 모두 버려지는 에너지였다. 그렇다면 이렇게 기존에 에너지를 사용하는 방법과 에너지 하베스팅은 무엇이 다른 것일까.

에너지 하베스팅은 현대에도 에너지원임을 알고 있지만 버려지고 있는 작은 에너지원에서 에너지를 얻는 방법과 기술이다. 논에서 벼를 베고 수확을 끝낸 뒤에 떨어진 이삭을 줍듯이, 화력이나 원자력에서 에너지를 얻고 버려지는 폐열처럼 고에너지원에서 1차 수확을 끝내고 버려지는 에너지로부터 전기를 얻는다. 또 사람이나 차량이 지나가는 운동에너지처럼 매우 적지만 꾸준하게 발생하는 에너지원을 통해 새롭게 전기를 얻는다. 이것이 요즘 과학자들에게 핫한 에너지 하베스팅인 셈이다. 고려대 기계공학과 김용찬 교수는 〈과학동아〉와 인터뷰에서 "우리 주변에서 발생하는 수많은 에너지는 최종적으로 소리나 열로 전환돼 허공에서 사라지는데, 이런 사실을 우리는 전혀 의식하지 못한다"며 "버려지는 에너지만 잘 모아도 전자기기의 효율을 지금보다 훨씬 더 높일 수 있을 것"이라고 밝혔다.

'티끌 모아 태산' 아니다

그렇다면 왜 과학자들은 많은 에너지를 얻을 수 있는 방법을 놔두고, 잘 해봐도 얼마 되지 않는 에너지를 얻는 에너지 하베스팅 기술에 관심을 가지는 것일까. '티끌 모아 태산'이라는 말이 있는데, 이런 생각에서일까.

무엇보다 과학자들이 에너지 하베스팅에 관심을 가지는 가장 큰 이유는 작은 에너지이지만 상황에 따라서는 기존 에너지보다 훨씬 유용하게 활용할 수 있기 때문이다. 또 과거에는 작은 에너지를 이용할 수 있는 장치나 기술이 부족했는데, 기술이 발달하면서 사물인터넷(IoT)처럼 작은 에너지가 필요한 분야가 등장했기 때문이다. 그리고 기존 에너지원을 이용할 경우 사용에 제약이 많은 데 비해, 에너지 하베스팅 기술을 이용하면 상대적으로 적은 양으로 얻은 에너지를 오래 쓸 수도 있다.

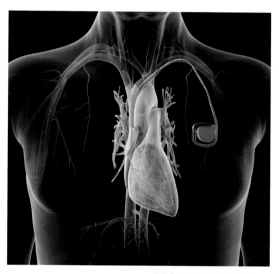

수술을 통해 체내에 이식하는 심장박동기 같은 장치는 배터리 때문에 수명이 제한돼 있다. 에너지 하베스팅 기술로 계속 충전되는 배터리를 적용한다면 평생 사용할 수도 있다.

예를 들어 심장이 좋지 않은 사람에게 심장 박동을 도와주는 장치를 수술로 이식한다고 생각해보자. 이 장치가 계속 작동하려면 배터리가 필요한데, 3년 정도만 작동하는 배터리가 포함돼 있다면 3년 뒤에 다시 수술해서 교체해야 하는 번거로움과 위험이 발생한다. 30년 동안 작동하는 배터리라고 해도 30년 뒤에는 다시 수술해야 한다. 그런데 사람이 움직이는 활동에너지를 배터리에 충전할 수 있는 에너지 하베스팅 기술을 사용할 수 있다면, 이 환자는 한 번 수술로 문제를 해결할 수 있게 된다. 최근에 치아가 빠진 자리를 인공 치아인 임플란트로 대신하듯이 손상된 뇌의 뉴런 일부를 대체하는 뇌 임플란트에도 유용한 것으로 알려져 있다. 현재 대부분의 뇌 임플란트는 배터리 지속시간이 5년 정도여서, 5년 뒤에는 위험한 뇌 수술을 다시 해야 하는 상황이다.

특히 앞으로 도로나 건물 곳곳에 IoT 장치가 설치될 예정이다. 도로에 설치된 센서가 도로 교통 상황을 비롯해 온도, 습도뿐 아니라 도로의 상태까지 중앙센터로 보내게 된다. 그런데 이렇게 설치하는 센서는

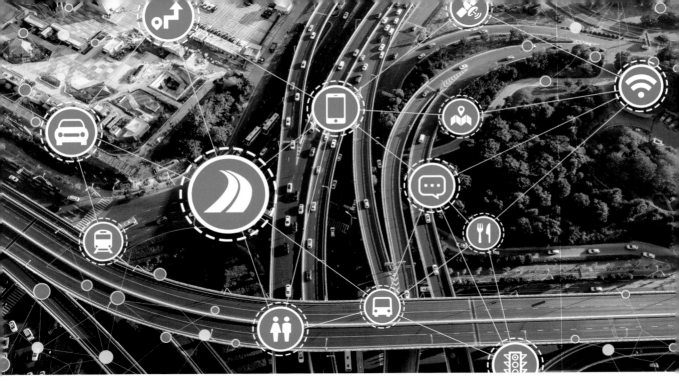

머지않아 도로나 건물 곳곳에 사물인터넷(IoT) 센서가 설치돼 도로 상태, 교통 상황, 건물 진단 등에 관련된 정보를 수집할 것이다. 이런 센서에 에너지 하베스팅 기술을 적용한다면 배터리 교체가 필요 없다.

무수히 많을 것이고, 여기에 배터리를 넣으면 이를 교체하는 시기에 문제가 발생한다. 또 전기를 별도로 공급하려면 전선을 배치하기도 복잡하고 나중에 고장이 났을 때 대처하기도 쉽지 않다.

이런 점에서 IoT 분야에서 에너지 하베스팅이 각광받고 있다. IoT 장치는 가까운 미래에 환경오염 상태 정보 획득, 정찰과 안전 확인, 농작물 관리, 자동차나 항공기, 건물의 수명 진단 같은 환경과 안전 분야에서 수요가 폭발할 전망이다. 이런 장치에 포함되는 센서를 주변에서 얻는 에너지로 구동한다면 배터리 교체 없이 오래 사용할 수 있다.

'2050년 탄소중립'에 필요한 기술

이런 이유에서 최근 미국과 유럽 등 선진국을 중심으로 에너지 하베스팅에 대한 관심이 높아지고 있다. 최근 우리나라도 '2050년 탄소중립'을 선언했다. 탄소중립은 이산화탄소를 배출한 만큼 흡수하는 대책을 세워 실질적으로 이산화탄소 배출량을 '0'으로 만드는 것이다. 화석연료 같은 기존 에너지 사용을 최소화하면서 버려지는 에너지를 유용하게 활용하면 탄소중립에도 도움이 된다.

시장조사 전문기관인 마켓츠앤마켓츠(Markets and Markets)는 에너지 하베스팅 시장 규모가 2016년에 3.1억 달러(약 3,410억 원)에서, 2017년부터 2023년까지 해마다 10.6% 성장을 이어가 2023년에는 6.5억 달러(약 7,150억 원)로 확대될 것이라고 전망했다. 또 세계 시장에서 북미 대륙이 가장 큰 비중을 차지하고, 영국과 독일 시장이 뒤따를 것으로 내다봤다.

이런 세계적 흐름에 따라 국내에서도 에너지 하베스팅 사업에 속도가 붙기 시작하고 있다. 경상북도는 현재 시범사업으로 도비 등 10억 원을 투자해 무전원 사물인터넷(IoT) 상용화 기술개발 사업을 추진하고 있다. 한편 2028년 에너지 하베스팅 세계 시장이 9억 8,700만 달러(약 1조 857억 원), 국내 시장이 1,700만 달러(약 187억 원) 규모로 성장할 것으로 전망했다.

온도 차이를 활용하는 열전효과

현재 가장 많이 연구되거나 쓰이는 에너지 하베스팅 장치에 적용되는 주요 과학 원리는 열전효과, 광전효과, 압전효과(마찰전기 포함), 전자기파 등이 있다. 에너지 하베스팅 기술이 현재 어디까지 왔을까. 주요 과학 원리를 중심으로 살펴본다.

열전효과는 물이 높은 곳에 낮은 곳으로 흐르듯이 물체나 대상 간에 온도 차이가 발생하면 전류가 흐르는 현상이다. 과학적으로 제베크효과, 펠티에효과 등이 있다. 1821년 독일의 물리학자 토마스 제베크가 발견한 제베크효과는 두 종류의 금속을 고리 모양으로 양쪽 끝을 붙인 뒤 한쪽 접점을 고온, 다른 쪽을 저온으로 하면 전류가 흐르는 현상이다. 온도 차이가 클수록 전류도 세게 흐른다. 1834년 프랑스의 물리학자 장 펠티에가 발견한 펠티에효과는 금속 양쪽에 전류를 흘려주면 접합부에 온도 차이가 발생하는 현상이다. 소형 냉장고에 유용하게 쓰이는데, 펠티에효과를 이용한 화장품 냉장고나 차량용 냉장고 등이 판매

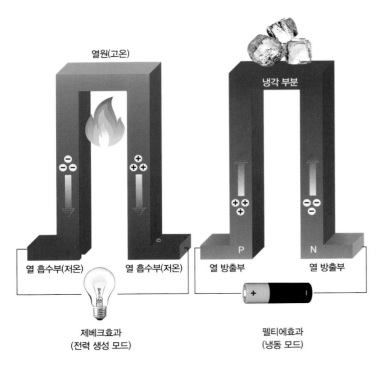

2가지 열전효과, 제베크효과와 펠티에효과

열전효과는 물체 사이에 온도 차가 있으면 전류가 흐르는 현상이다. 두 종류의 금속을 붙이고 한쪽에 고온, 다른 쪽에 저온을 만들면 전류가 흐르는 제베크효과, 금속 양쪽에 전류를 흘릴 때 접합부에 온도 차가 생기는 펠티에효과가 대표적이다.

되고 있다.

열전효과를 이용하면 사람 체온을 이용해서도 전기를 저장할 수 있다. 사람은 기본적으로 체온이 36.5℃로 이보다 주변 온도가 낮으면 열을 밖으로 내보낸다. 가벼운 운동을 할 때는 190W가량의 열이, 힘든 운동을 할 때는 700W에 달하는 열이 나온다고 한다. 스마트폰 배터리를 충전하는 데 보통 15W가 필요하다고 보면 가볍게 운동할 때 나오는 열의 8% 정도를 전기로 바꿀 수 있다면 스마트폰을 완충할 수 있는 셈이다.

2013년 영국의 이동통신사인 보다폰은 움직일 때마다 몸에서 발생하는 열을 반바지로 전달해 스마트폰을 충전시킬 수 있는 '파워포켓'을 선보였다. 그해 6월 영국 와이트섬에서 열린 록 페스티벌에서 핫팬츠를 입은 여성들이 열심히 춤을 췄는데, 핫팬츠 뒤 호주머니에는 '파워포켓'이라는 글씨가 적혀 있었다. 이들 호주머니에는 모두 스마트폰이 꽂혀 있었고 춤을 출 때마다 핫팬츠에서 만들어진 전기로 스마트폰을 충전했다. 보다폰은 전기를 만드는 슬리핑백도 선보였다. 슬리핑백 안에서 잠을 자면 내부가 체온으로 데워지는데, 열전소자가 슬리핑백 안과 밖의 온도 차이를 이용해 전기를 만든다. 보다폰은 발전 슬리핑백에서 8시간을 자면 스마트폰을 11시간 사용할 수 있는 전기를 생산할 수 있다고 밝혔다.

낮에도 전기 생산할 수 있는 열전 발전기

시중에서 만날 수 있는 또 다른 열전효과 활용 제품으로 미국 매트릭스 인더스트리즈의 '파워워치(PowerWatch)'라는 스마트워치가 있다. 체온과 외부 온도 차를 이용해 충전하는 시스템으로 별도의 충전이 필요 없다. 애로우 일렉트로닉스라는 글로벌 기술 회사가 기술을 검증하고, 월스트리트저널과 포브스 같은 유명 매체에서 호평이 이어지면서 클라우드 펀딩에서 목표 금액의 938%라는 엄청난 후원금을 유치했으나, 2017년 9월 출시 예정일을 지키지 못하고 이듬해 5월쯤에 출시됐다. 이 제품에 단점도 있다. 온도 차이가 커야 충전 효율이 올라가는 구조여서, 기온이 높은 지역일수록 충전 속도가 느렸다. 27℃ 이상이면 충전이 안 된다고 하니 한여름에는 야외에서 충전은 포기해야 한다.

미국 노스캐롤라이나주립대 다유시 바샤이(Daryoosh Vashaee) 교수는 "체온과 열전을 이용한 장치들은 단지 몇 도라는 온도 차를 이용하기 때문에 발전량이 매우 적다"며 "아직은 스마트폰을 충전할 수 있는 전력공급은 불가능하다"고 밝혔다. 그는 2016년에 셔츠에 끼워 넣거나 완장처럼 찰 수 있는 소형 열전 발전기를 만들어 〈어플라이드 에너지(Applied Energy)〉 저널에 논문을 게재한 바 있다.

미국 물리연구소 사토시 이시이 박사 연구진은 24시간 동안 안정적으로 열전 발전을 할 수 있는 장치를 개발해 관련 논문을 2020년 7월 7일 〈어플라이드 피직스 레터(Applied Physics Letters)〉에 발표했다. 낮에 햇빛을 받아 온도가 올라가면 열전 발전기의 온도 차이가 줄면서 전기 생산이 중단된다. 연구진은 복사 냉각을 이용해 상판을 지속적으로 냉각시켜 낮과 밤 구분 없이 전기를 생산할 수 있는 열전 발전기를 개발했다. 사토시 이시이 박사는 "광전지보다 더 효율적임에도 많은 열전 장치가 온도 차가 줄면 발전할 수 없는 문제가 발생한다"며 "냉각을 이용해 주변과 온도 차이를 만들어 이런 문제를 해결하면 열전 발전을 지속할 수 있다"고 설명했다.

유연한 열전소재 연구 활발

2020년 9월 7일 한국화학연구원 화학소재연구본부 조성윤 박사

영국의 보다폰이 선보인 '파워포켓'. 바지 호주머니에 스마트폰을 넣고 춤을 추거나 슬리핑백에 스마트폰을 꽂아두고 잠을 잘 때 스마트폰을 충전할 수 있다.
© Vodafone

미국의 매트릭스 인더스트리즈에서 내놓은 '파워워치(MATRIX Power Watch Series 2)'. 체온과 외부 온도 차를 이용해 충전하는 시스템을 갖췄다.
© Matrix Industries

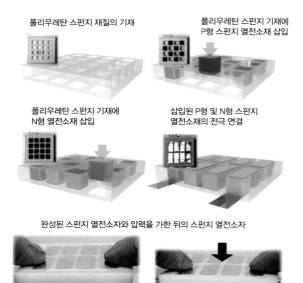

폴리우레탄 스펀지 재질의 기재

폴리우레탄 스펀지 기재에 P형 스펀지 열전소재 삽입

폴리우레탄 스펀지 기재에 N형 열전소재 삽입

삽입된 P형 및 N형 스펀지 열전소재의 전극 연결

완성된 스펀지 열전소자와 압력을 가한 뒤의 스펀지 열전소자

1 cm

스펀지형 열전소재 제작 과정

한국화학연구원 연구진은 폴리우레탄 스펀지 재질의 기재에 P형 열전소재와 N형 열전소재를 각각 삽입한 뒤 전극을 연결해 스펀지형 열전소자를 완성했다. 열전소재는 스펀지에 탄소나노튜브 용액을 코팅해 만들었다.

ⓒ 한국화학연구원

연구진은 형태와 관계없이 열이 나는 곳이면 어디든지 붙일 수 있는 '스펀지형 열전소재'를 개발해 국제학술지 〈나노 에너지(Nano Energy)〉 8월 호에 게재했다고 발표했다. 기존 열전소재는 무기물을 이용하기 때문에 단단하므로, 휘면 구부러지지 않고 부러진다. 연구진은 스펀지에 탄소나노튜브를 코팅해 소재 자체를 유연하게 바꿔 부서지지 않는 유연한 열전소재를 만들었다. 스펀지형 열전소재는 압축하고 복원하는 과정을 1만 번 반복해도 전기 특성과 스펀지 고유 성질을 안정적으로 유지했다. 특히 열전소재를 압축했을 때 최대 $2\mu W$(마이크로와트, $1\mu W$=100만분의 $1W$) 전기를 생산해, 압축 전보다 발전량이 10배 정도 증가한다는 사실도 발견했다.

12월 1일에는 서울대 전기·정보공학부 홍용택 교수, 한국과학기술연구원(KIST) 소프트융합소재연구센터 정승준 박사 연구진이 공동연구로 신축성 열전소자를 개발했다고 밝혔다. 국제학술지 〈네이처 커뮤니케이션즈〉 온라인판에 게재된 논문에 따르면 연구진은 열전달 경로가 형성된 복합재료를 이용해 신축성을 살리면서도 열전달 능력을 800%가량 높였다. 또한 열전소자가 휘어지거나 접히는 환경에서도 안정적으로 동작할 수 있도록 했다. 홍 교수는 "연성과 열효율을 동시에 높여 실제 웨어러블 기기를 동작시킬 수 있는 실용성 높은 유연 열전소자를 개발했다"며 "배터리 없는 자가발전 웨어러블 기기 대중화와 시장성 확보에 크게 기여할 것"이라고 설명했다.

국내 페로브스카이트 태양전지, 세계 최고 효율 기록

광전효과는 알베르트 아인슈타인이 빛의 입자성을 이용해 설명한 현상이다. 금속 같은 물질에 일정한 진동수 이상의 빛을 비추면 물질 표

페로브스카이트 태양전지의
효율을 최고 수준으로 높이는
물질을 개발한 UNIST 연구진.
© UNIST

울산과학기술원(UNIST)과
한국에너지기술연구원 공동 연구진이
개발한 '유기 정공 수송층 물질'을
적용한 페로브스카이트 태양전지.
에너지 전환 효율은 24.82%로 최고
수준을 기록했다.
© UNIST

면에서 전자가 튀어나오는 현상이다. 태양전지가 주로 이 현상을 이용
한다. 태양전지는 다른 성질을 가진 N형 반도체와 P형 반도체를 결합해
서 만든다. 이렇게 만든 반도체에 외부에서 광자를 쪼이면 광자에너지
로 인해 전자와 정공 쌍이 만들어진다. 전자는 N형 반도체로, 정공은 P
형 반도체로 이동한다. 이렇게 이동하면서 회로에 전류가 흐른다.

보다폰은 2012년에 휘어지는 태양전지를 펼쳐진 표면에 장착한
우산을 선보였다. 양산처럼 쓰고 다니면 햇빛이 표면을 내리쬐며 전기
를 생산해 손잡이에 있는 배터리를 충전한다. 필요할 때 USB 포트를 이
용해 휴대전화나 다른 전자장치를 충전하는 데 사용한다.

울산과학기술원(UNIST)과 한국에너지기술연구원 공동 연구진이
2020년 9월 25일 페로브스카이트 태양전지용 '유기 정공 수송층 물질'
을 개발해 '페로브스카이트' 소재를 활용한 차세대 태양전지의 성능을
개선함으로써 전 세계 역대 최고의 에너지 전환 효율인 24.82%를 달성
했다고 밝혔다. 이 연구 결과는 국제학술지 〈사이언스(Science)〉에 게
재됐다. UNIST 에너지화학공학과 양창덕 교수는 "페로브스카이트 태
양전지 단점을 극복해 상용화가 빨라질 것"이라고 설명했다.

2020년 11월 17일 한국화학연구원은 유연하게 휘어지는 페로브
스카이트 태양전지를 개발하고 세계 최고 수준의 광전효율(빛을 전기로
바꾸는 비율) 20.7%를 달성했다고 밝혔다. 연구진은 태양전지 내에서

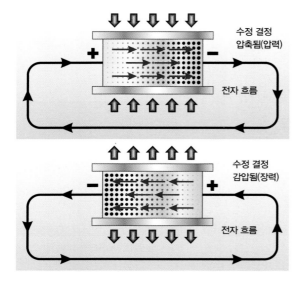

압전효과의 원리

외부에서 수정 결정판과 같은 압전 물질에 누르는 압력을 가하면 판의 양면에 각각 전하가 발생하고, 잡아당기는 장력을 가하면 반대 부호의 전하가 발생한다.

전자 이동이 원활하도록 주석산화물과 주석아연산화물로 만든 다공층을 추가해 효율을 높였다. 또 이 태양전지를 가로·세로 20cm의 넓은 면적으로 만드는 데도 성공했다. 연구진은 종이를 인쇄하듯 이 태양전지를 대량생산할 수 있는 '롤루톨 용액 공정' 기술도 개발해, 핀란드 VTT 기술연구소와 손잡고 공정 효율을 높이며 상용화를 추진할 계획이다.

한편 2020년 4월 23일 서울 서초구 엘타워에서 개최된 '한국 과학난제도전 온라인 콘퍼런스'에서는 연세대 신소재공학과 심우영 교수와 청주대 광기술융합학부 이종권 교수가 지구 온난화를 완화할 수 있는 새로운 재생에너지 기술을 제안했다. 심 교수는 뉴로모픽 기술과 에너지 하베스팅 기술을 융합하는 방안을 제시했다. 뉴로모픽은 인간의 뇌와 유사하게 정보를 병렬로 처리해 적은 에너지로 많은 정보를 처리할 수 있는 반도체다. 버려지는 에너지를 전기로 바꿔 쓰는 기술을 이 반도체에 결합해 에너지 효율을 극대화하려는 계획으로 보인다. 이 교수는 이종 구조의 흡수층을 만들어 태양전지가 태양 에너지를 흡수하는 양을 늘리는 기술을 제안했다. 이 같은 제안을 참고하면 광전효과를 이용한 새로운 에너지 하베스팅 기술이 곧 등장할 것으로 기대된다.

걸을 때마다 전기를 만드는 신발

압전효과는 어떤 물질에 힘을 가하면 양전하와 음전하로 나뉘는 '분극'이 일어나고, 이때 표면의 전하 밀도가 변하면서 전기가 흐르는 현상이다. 1880년대 프랑스 퀴리 형제가 처음 발견했다. 압전효과를 이용한 대표적인 제품이 라이터와 가스버너다. 가스버너에서 불을 켜기 위해 손잡이를 돌리면 '따다닥' 하면서 스파크가 튄다. 이 점화장치에는

압전소자가 내장된 신발.
걸을 때마다 전기가 발생한다.
ⓒ Georgia Institute of Technology

압전효과를 이용하는 압전소자가 들어가는데, 이것은 압력이 가해지면 전기를 만들고, 이 전기가 온도를 높여 가스에 불이 붙는다.

압전소자를 넣은 신발은 발을 디딜 때마다 몸무게만큼의 압력이 신발 밑창에 있는 압전소자를 자극해 전기를 발생시킨다. 미국 스타트업 솔파워테크는 걸을 때 발생하는 압력으로 4~8km만 걸어도 스마트폰을 완충할 수 있는 전력을 생산하는 자가발전 에너지 깔창 '솔파워(SolePower)'를 선보였다. 압전소자는 배낭끈이나 티셔츠에도 적용할 수 있다. 미국 플로리다대 헨리 소다노 교수는 배낭끈에 압전소자를 넣어 걸을 때마다 배낭끈이 아래위로 움직이면서 이 압력으로 전기를 만들게 했다. 또 미국 조지아공대 연구진은 티셔츠에 압전소자를 넣어 사람이 움직일 때마다 전기를 발생시키게 만들었다. 옷감 1m²면 휴대전화를 작동시킬 만한 전기를 만들 수 있다고 한다.

2006년 일본 음력발전사는 자동차나 자전거, 사람이 지나갈 때 발생하는 압력(진동에너지)을 전기로 바꾸는 보도블록 '발전마루'를 개발했다. 압전효과를 진동에너지와 연결한 발전장치다. 가로·세로 50cm의 보도블록인 발전마루는 하루 최대 200kW 전력을 생산했다. 발전마루는 지하철 통로와 개찰구에 설치됐으며, 2010년에는 신 에노시마 수족관에도 도입됐다.

영국의 에너지 기업 페이브젠(Pavegen)이 브라질 리우데자네이루

영국의 페이브젠은 압전소자가
들어간 특별한 타일을 개발해
보도에 깔면 사람들이 밟고
지나갈 때 전기가 만들어진다.
© Pavegen

빈민가에 건설한 축구장은 대표적인 압전 방식을 이용한 에너지 하베스팅 사례이다. 이 축구장은 바닥에 압전소자가 들어간 특별한 타일을 설치해 낮에 축구를 하며 뛰어다닐 때 발생하는 진동에너지로 전기를 발생시키고 밤에 LED 조명 6개를 환하게 밝히는 데 사용한다. 페이브젠은 이에 앞서 영국에 있는 12개 학교 복도에 마루 타일 형태의 압전소자를 설치해 학생들이 뛰어놀 때 전기를 생산할 수 있게 했다.

네덜란드 로테르담에서는 에너지 플로어에 압전효과를 활용했다. 댄스클럽 바닥에 압전 발전기를 설치해 사람들이 춤을 추면 진동에너지를 전기로 변환해 클럽에 공급한다. 같은 방식을 피트니스센터, 박물관, 공공시설 등 다양한 곳에 적용하고 있다.

압전효과는 도로에서 나노발전기까지 적용

도로에 압전 발전기를 설치한 나라도 있다. 이스라엘 기업 이노와테크는 자동차 무게(중력에너지)와 도로 진동(진동에너지), 온도 변화(열에너지)를 모두 전기로 바꿀 수 있는 '도로 압전 발전기'를 운영하고 있다. 2차선 1km의 도로에서 차량 600대가 지나가면 250가구에 공급할 수 있는 400kW 전력을 생산한다.

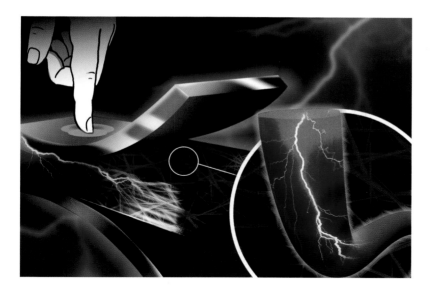

영국 배스대, 독일 막스플랑크 폴리머
연구소 등의 공동연구진이 개발한
압전 나일론 섬유의 작동 원리.
압전 섬유로 짠 옷을 입으면 사람이
움직일 때마다 전기가 생긴다.
ⓒ Katharina Maisenbacher, Max Planck Institute

　국내에서는 부산 지하철 서면역에 사람들이 걸을 때 발생하는 진동을 전기로 바꿔주는 '압전에너지 블록'이 설치됐다. (주)센불과 (주)티오션이 한국세라믹기술원과 함께 개발한 이 압전 에너지블록은 압력과 진동, 충격으로 발생하는 압전에너지를 이용하는 자가발전장치 상용화 제품이다. 압전 발전판은 서울숲 공원에도 설치돼 있다.

　2018년 3월 한국과학기술연구원(KIST) 전자재료연구단 연구진은 이소불화비닐(PVDF)을 이용해 '도로용 압전 발전 장치'를 개발했다. 도로를 지나는 자동차가 누르는 압력을 이용해 전기를 만드는 장치로 기존보다 5배 이상 출력이 높고, 인체에 해로운 납이 들어가지 않는다는 장점을 갖췄다. 또 한국화학연구원은 2018년 6월에 세라믹 나노 입자와 고분자 물질을 화학적으로 단단히 결합해 기존 소재보다 100배 더 많은 전기를 생산할 수 있는 압전 신소재를 개발하고 논문으로 발표했다. 영국 배스대와 독일 막스플랑크 폴리머 연구소 등의 공동 연구진은 2020년 11월 6일 몸을 조금 움직이는 것만으로도 전기를 생산할 수 있는 똑똑한 나일론 섬유를 개발했다. 이 섬유로 만든 옷을 입고 팔을 흔드는 간단한 동작만으로도 옷 섬유에 자극이 가해져 전기가 만들어진다. 이렇게 발생한 전력을 모으면 스마트폰에 이용할 수 있다.

　미국 조지아공대 종린 왕 교수 연구진은 2005년부터 나노 크기

나노발전기, 마찰전기 발전기를 제안하고 개발해 온 미국 조지아공대의 종린 왕 교수. 바닥에는 신발로 누르는 힘으로 LED 전구 1000개를 밝힐 수 있는 마찰전기 발전기가 보인다.
ⓒ Rob Felt, Georgia Tech

미국 조지아공대 종린 왕 교수 연구진이 개발하는 마찰전기 장치. 두 가지 재료의 미끄럼 운동으로 일련의 전구를 켤 만한 전기를 만들 수 있다.
ⓒ Pavegen

의 발전기를 연구해 왔다. 산화아연 나노선이 압전효과를 낸다는 사실을 실험으로 확인해 2006년 〈사이언스〉에 발표했고, 이듬해 산화아연 나노선을 이용한 나노발전기를 개발해 역시 〈사이언스〉에 발표했다. 왕 교수는 나노발전기가 몸속에서 혈압, 혈당 등을 측정하는 나노센서에 결합할 수 있다고 기대했다. 최근에는 마찰전기를 이용한 나노발전기에 초점을 맞춰 연구하고 있다.

압전에너지 하베스팅은 에너지 변환효율이 큰 데다 작고 가볍게 만들 수 있다는 장점 때문에 에너지 하베스팅에 가장 적합한 기술로 꼽힌다. 이런 특성 때문에 가장 많이 연구되는 분야이기도 하다. 미래 산업에서 꼭 필요한 소형 센터와 무선 모바일 소형 장치에 적합한 에너지원이다. 특히 주변에서 버려지는 소음과 진동, 마찰에너지 등을 이용하기 때문에 날씨나 시공간 제약이 상대적으로 덜하다는 장점도 갖추고 있다.

마찰전기로 체내 의료기기 구동한다

최근 에너지 하베스팅 기술은 의류와 신발, 마스크, 가방 같은 패션 제품에 널리 쓰인다. 의류나 신발 같은 제품 중에는 마찰전기를 이용한 에너지 하베스팅 기술이 쓰이는 경우도 적지 않다. 바람 같은 외부 자극을 받으면 해당 장치에 마찰전기가 생기는데, 섬유

내부에 설치된 나노 크기의 발전기로 전기를 발생시킨다. 특정 고분자 재질로 만든 제품은 마찰로 열을 발생시켜 발전에 활용한다. 마찰 발전은 체온 발전보다 더 많은 에너지를 생성하는 것으로 알려졌다.

한국세라믹기술원 가상공학센터 조성범 선임연구원과 성균관대 화학공학 및 고분자공학부 방창현 교수의 공동 연구진은 머리카락을 닮은 나노 구조물을 이용해 마찰전기 에너지를 쉽게 모으는 소자를 만들었다고 2020년 2월 13일 밝혔다. 옷감에 무언가가 닿거나 바람이 일으키는 작은 마찰로도 전기를 수확하는 장치다. 연구진은 이렇게 만든 소자를 옷감에 붙이고, 지폐를 팽팽하게 펴는 데 필요한 힘의 5분의 1인 0.2Pa(파스칼)에서도 전기가 발생하는 것을 확인했다. 연구진은 초소형 IoT 기기와 생체삽입형 소자에 전원 문제를 해결하는 데 도움을 줄 것으로 기대했다.

전자기파를 에너지로 바꾸는 기술도 에너지 하베스팅의 하나다. 무선 네트워크에 이용되는 파장 1mm~100km, 진동수 3kHz~300GHz의 전자기파는 대부분 효율적으로 사용되지 못하고 공기 중에 버려진다. 이에 방송 전파나 이동 통신기기 전파, 와이파이 전파 등 수많은 전자기파의 에너지를 수집해 에너지로 활용하려는 움직임이 주목받고 있다.

2010년 세계 최대 IT·가전 전시회인 '소비자 가전 전시회(CES)'에서 RCA란 회사가 와이파이 전파를 수신해 에너지로 바꾸는 '에어너지(Airnergy)'라는 충전기를 공개했고, 2015년에는 영국의 드레이슨 테크놀로지가 스마트폰과 TV, 와이파이 기기에서 전자파를 모으는 기계 '프리볼트'를 만들었다. 기기에 다중 대역 안테나를 넣어 에너지 저장효율을 높였다. 프리볼트 IoT 센서를 집에 설치하면, 휴대전화와 와이파이 기기, 디지털TV에서 나오는 전자기파를 수집한다. 2016년에는 재료연구소와 한국표준과학연구원, 인하대 공동 연구진이 미세 자기장을 에너지로 전환해 스마트폰을 충전할 수 있는 전자기 하베스팅을 선보였다.

인체에 해롭지 않은 초음파와 정전기를 이용한 에너지 하베스팅

체내에 쏘인 초음파로 정전기를 발생시켜 배터리를 충전하는 새로운 에너지 하베스팅

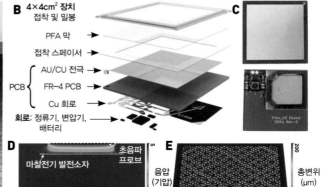

성균관대 김상우 교수 연구진은 초음파에 의해 마찰전기를 일으켜 구동할 수 있는 발전소자를 개발했다. 발전소자는 돼지 피하지방층에 심어 성능을 시험했다

© 성균관대

기술도 있다. 성균관대 신소재공학부 김상우 교수는 세계 최초로 초음파로 정전기를 발생시켜, 인체 삽입 의료기기를 충전하는 에너지 하베스팅 기술을 구현해 〈사이언스〉에 2019년 8월 2일 발표했다.

기존 인체 삽입형 의료기기는 배터리 수명이 다하면 교체 수술이 필요해 환자 고통과 비용이 추가로 발생한다. 김상우 교수 연구진은 의료현장에서 안전하게 사용하는 초음파를 이용해 문제를 해결했다. 인체에 삽입한 발전소자에 마찰전기를 일으켜 체내 의료기기를 구동하는 원격 에너지 충전기술을 개발하고, 이를 이용한 소자도 만들었다. 돼지 피하지방층 0.5cm 깊이에 삽입한 발전소자는 약 1.2V 전압, 98μA(마이크로암페어) 전류 수준의 출력을 보였다. 이는 보통 1~10μW(마이크로와트) 전력으로 구동하는 인체 삽입용 심장박동기 등에 사용할 수 있는 전력량이다.

에너지 효율 높이고, 소재 관련 장치 한계 극복해야

산업 현장에서 발생하는 폐열을 유용하게 활용하는 열에너지 하베스팅도 있다. 주요 발전소에서 연료 연소 후 폐열, 온배수열 등 막대한 열을 배출하고, 발전소 외의 산업 현장에서도 기계가 작동하면서 많은 열을 내뿜는다. 이를 모으면 상당한 양의 에너지를 생산할 수 있다.

즉 폐열을 배출하는 시스템에서 온도 차를 이용해 전기에너지를 추출한다. 중국 화중과기대 연구진은 폐열을 효율적으로 전기로 바꿀 수 있는 장치를 만들었다고 〈사이언스〉에 2020년 9월 10일 발표했다. 연구진은 냉장고나 보일러, 전구 같은 장치에서 계속 나오는 열을 열전지로 이용할 수 있는 방법을 개발했다. 열전지는 온도가 한쪽 전극은 높고 반대쪽은 낮은데, 폐열이 나오는 곳에 온도가 높은 전극을 대면 전기를 띤 이온 입자가 전자를 방출하고 낮은 전극으로 이동하고, 이때 전류가 발생한다. 연구진은 전극 사이에서 열전달을 차단해 전지 효율을 높였고, 기존 열전지보다 5배 많은 전력을 만들어냈다. 열전지 20개로 발광다이오드(LED) 조명을 켜고 휴대전화도 충전할 수 있었다.

이처럼 현재 다양한 에너지 하베스팅 기술이 등장하고 있다. 하지만 에너지 하베스팅은 아직 실용화하기에는 각 기술로 얻을 수 있는 에너지 수확량이 매우 적다. 실제 열전소자는 에너지 변환효율이 낮아 소량으로 사용할 만한 전기를 생산하는 데도 한계를 보인다. 과학자들은 소재에 나노 기술을 적용하며 효율을 높이는 방법을 추진하고 있다. 압전소자는 해롭거나 잘 깨지는 단점을 극복하려고 고분자 소재를 활용해 부드럽게 잘 휘며 효율을 높이는 연구가 한창이다. 에너지 변환효율을 더 높이고 활용하기 편리한 소재와 장치, 기술 발전이 더 필요한 상황이다.

LG경제연구원 정윤지 연구원은 "에너지 하베스팅 기술을 이용해 전기를 사용하려면 일정 수준의 전기를 안정적으로 생산하고 오랫동안 유지할 수 있어야 한다"며 "이를 위해서는 저전력으로 작동시킬 수 있는 센서와 회로, 규칙적이지 못한 에너지를 효율적으로 저장할 수 있는 장치 등에 관련된 기술이 함께 발전해야 한다"고 지적했다.

8

ISSUE 환경

오존층 파괴

반기성

연세대에서 기상학을 전공했고, 공군기상전대장, 한국기상학회 부회장을 역임했다. 조선대 대학원 대기과학과 겸임교수를 지냈으며, 연세대에서 대기과학 강의를 했다. 현재 민간기상기업인 케이웨더의 예보센터장 및 기상산업연구소장으로 일하고 있다. 대통령 직속 국가기후환경회의 전문위원, 대한의협 미세먼지특별대책위원, 민간협력 오픈데이타포럼 운영위원으로 활동 중이며 한국기상협회 이사장이기도 하다. 저서로는 『기후변화와 환경의 역습』 등 25권이 있다.

지구 대기에 뚫린
오존 구멍의 역대급 변화

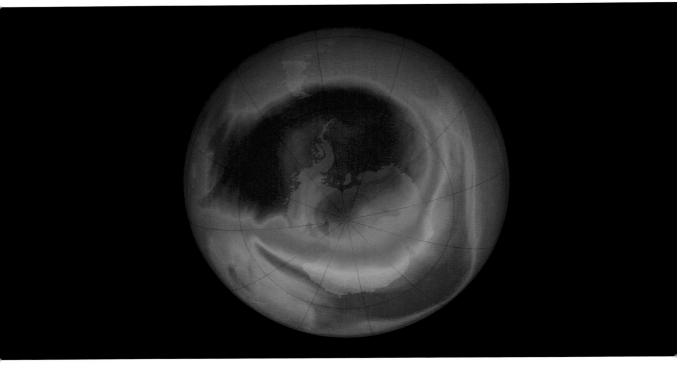

2019년 9월 8일 남극 상공의
오존 구멍. 파란 부분이 오존층
두께가 얇은 영역이다.
ⓒ NASA

사람을 기본 입자로 분해한 뒤 에너지로 바꿔 원하는 장소에 보내는 '전송기술', 우주선이 빛보다 빠른 속도로 날아가는 '워프 항법(warp drive)', 행성에서 우주에 떠 있는 우주선과 통신할 때 쓰는 '개인용 통신 기기(communicator)', 주 컴퓨터로 입체 영상을 허공에 띄우는 '3D 영상', 사람과 로봇의 결합체인 '안드로이드', 빛으로 상처 부위를 치료하는 '레이저 시술'.

TV 드라마로 방영됐던 '스타트렉'에 나오는 최신기술들이다. '스타트렉'은 커크 선장이 이끄는 우주선 엔터프라이즈호가 우주 멀리까지 탐사해 가면서 새로운 세계와 문명을 탐험한다는 SF 드라마다. 그런데

이 드라마에서 사용된 기술 중 대부분은 우리 삶에 들어와 활용되고 있다. 그래서 이 드라마를 보면 최근에 만들어졌다는 착각이 든다. 그러나 놀라지 말기 바란다. 지금으로부터 무려 55년 전인 1966년에 미국에서 만들어진 드라마에 소개된 첨단 기술이다. 그런데 이런 기술 중에 단연 압권은 엔터프라이즈호가 가진 방어무기인 '쉴드(shield)'다. 적의 공격으로 위기에 빠질 때 선장은 보호막인 쉴드를 작동시킬 것을 명령한다. 그러면 거의 모든 적은 이 보호막을 뚫지 못한 채 패배하고 만다.

그런데 지구에도 엔터프라이즈의 쉴드처럼 맨 바깥쪽에는 '밴앨런대'라는 보호막이 있다. 밴앨런대란 지구 대기권 밖에서 지구의 자기장에 붙잡힌 입자들이 자력선을 따라 벨트처럼 휘어진 모양으로 지구를 감싸고 있는 방사능대를 말한다. 2014년 미국 콜로라도대학의 다니엘 베이커(Daniel Baker) 교수는 이 밴앨런대 안에 보이지 않는 '투명 보호막'이 있어 지구를 보호하고 있다고 〈네이처〉 11월 27일 자에 발표했다. 이 논문에서 베이커 교수는 지구 표면으로부터 약 1만 1600km 상공에 보이지 않는 매우 강력한 보호막이 있다고 밝혔다. 보이지 않는 보호막은 우주로부터 날아오는 유해 전자들을 대기권 안으로 들어오지 못하도록 완벽하게 막아낸다는 뜻이다. 베이커 교수는 "마치 영화 '스타트렉'의 쉴드처럼 이 투명한 보호막이 유해 전자들의 침입을 막아주고 있는 것이 분명하다."고 주장했다.

자외선을 막아주는 오존층

지구를 지켜주는 두 번째 보호막은 오존층이다. 물속에 살던 생명체가 육지로 올라올 수 있었던 것은 바로 오존층이 만들어지면서 자외선을 차단해 주었기 때문이다. 오존은 희미한 청색을 띠는 기체인데, 대기 중에서는 방전으로, 성층권에서는 태양 복사에 의해 만들어진다. 오존은 두 개의 얼굴을 갖고 있다. 지표면에서 만들어지는 오존은 건강에 매우 해로운 반면, 성층권의 오존은 지구 생명체를 보호하는 역할을 한

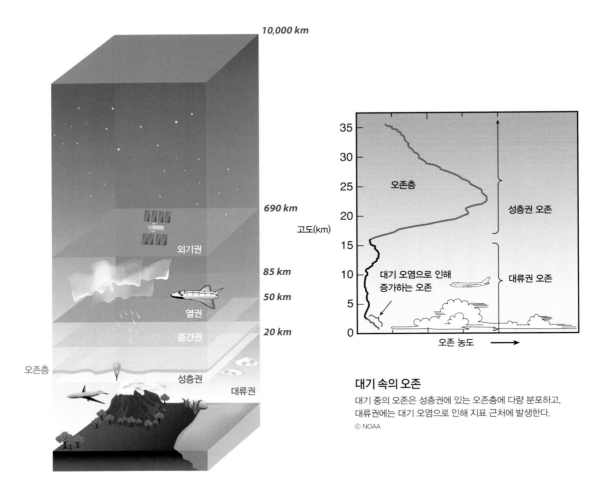

10,000 km

690 km

고도(km)

외기권

85 km

50 km

열권

20 km

중간권

오존층

성층권

대류권

35

30

25

오존층

성층권 오존

20

15

10

대기 오염으로 인해
증가하는 오존

대류권 오존

5

0

오존 농도

대기 속의 오존

대기 중의 오존은 성층권에 있는 오존층에 다량 분포하고,
대류권에는 대기 오염으로 인해 지표 근처에 발생한다.
© NOAA

**지구 대기권의 구조와
오존층의 위치**

지구 대기는 대류권, 성층권,
중간권, 열권, 외기권으로
구분되는데, 오존층은 성층권에
자리하고 있다.

다. 그러니까 지표면의 오존은 적을수록 좋지만, 성층권의 오존은 많을
수록 좋다.

먼저 지표면에 있는 오존은 주로 질소화합물과 휘발성 유기화합
물에 의해 만들어진다. 질소화합물은 주로 경유 자동차에서 발생하고,
휘발성 유기화합물은 페인트, 접착제 같은 건축자재나 공장 등에서 발
생하는 오염물질이다. 질소화합물이나 휘발성 유기화합물이 강한 자외
선을 만나면 광화학반응이 일어나면서 오존이 만들어진다. 오존이 건강
에 나쁜 이유는 살균력과 산화력이 강하기 때문이다. 오존은 호흡하면
바로 폐 손상이 오고 피부질환이 발생하고, 어지러움과 두통이 발생하
며 심한 경우 심장질환 가능성이 커진다. 특히 오존은 가스 형태이기에
마스크로 막을 수가 없어 그대로 호흡기에 노출된다. 오존을 조용한 살
인자라고 부르는 것은 이 때문이다.

성층권의 오존 생성 과정

오존층에서는 산소 분자(O_2)가 햇빛의 자외선을 받아 2개의 산소 원자(O)로 분해되고, 각 산소 원자는 산소 분자와 만나 오존이 생성된다(O_3). 결국 3개의 산소 분자가 햇빛을 받아 2개의 오존으로 바뀌는 셈이다.

© NOAA

반면에 대기 상층에 있는 오존층은 고도 15~25km의 성층권에 위치해 있다. 두께는 비록 3mm밖에 되지 않지만, 태양의 자외선을 차단해 지구 생명체를 보호하는 역할을 한다. 오존은 산소 원자 3개로 이뤄진, 반응성이 매우 강한 분자이다. 성층권에서 오존이 만들어지는 과정을 화학식으로 보자. 자외선에 의해 산소 분자가 두 개의 산소 원자로 나뉘고($O_2 \rightarrow 2O$), 산소 원자는 산소 분자와 합쳐 오존이 만들어진다($O + O_2 \rightarrow O_3$). 만들어진 오존은 자외선에 의해 다시 산소 분자와 산소 원자로 분해된다($O_3 \rightarrow O + O_2$).

오존을 분해하는 데 자외선이 이용되기에 오존층을 통과하는 자외선은 크게 줄어든다. 오존층을 초강력 자외선 차단제라고 할 수 있는 이유는 유해한 자외선으로부터 지표면에 사는 생명체를 보호하기 때문이다. 오존층의 자외선 흡수율은 자외선 A는 5%, 자외선 B는 90%, 자외선 C는 100% 정도이다. 인체에 가장 나쁜 자외선 C는 오존층이 거의 차단해 준다. 문제는 오존층이 파괴될수록 더 많은 자외선이 지표면에 도달하게 된다는 사실이다. 2020년 미국항공우주국(NASA) 보고서에 따르면, 성층권의 오존이 1% 감소하면 지표의 자외선은 2% 증가하고, 자외선이 1% 증가하면 피부암은 5% 정도, 백내장은 1% 정도 증가한다. 만일 오존이 10% 감소하면 자외선은 20% 증가하면서 사람들에게 피부암, 백내장 등을 유발하고 면역체계를 억제하며 삼림이 말라죽거나 쌀, 콩 등 작물의 생산량도 줄어든다.

몬트리올 의정서는 '오존층 파괴물질 규제에 관한 국제협약'

지금까지 전 세계적으로 모든 국가가 벌인 협정 중에서 가장 성공한 협정이 몬트리올 의정서(Montreal Protocol)라고 한다. 몬트리올 의

오존층 파괴 연구로 1995년 노벨
화학상을 받은 미국의 화학자 셔우드
롤런드(왼쪽)와 마리오 몰리나.
사진은 1970년대 미국 어바인
캘리포니아대에서 몰리나 박사가
롤런드 교수의 박사후연구원으로
재직하며 함께 CFC의 오존층 파괴
메커니즘을 연구하던 모습.
ⓒ University of California, Irvine

정서는 '오존층 파괴물질의 규제에 관한 국제협약'이라고 부른다. 오존층 파괴물질에 대한 규제를 목적으로 1989년 1월 발효된 국제협약이다.

1970년대 초 미국의 화학자 셔우드 롤런드(Sherwood Rowland)와 마리오 몰리나(Mario Molina)는 성층권에 있는 염화불화탄소(chlorofluorocarbons, CFC)가 태양의 자외선 복사로 성층권에서 분해되어 그 구성 성분인 염소(Cl)와 일산화염소(ClO)로 방출된다는 사실을 밝혀냈다. 그리고 이것들이 각각 많은 수의 오존을 파괴해 오존층에 구멍이 난다는 연구 결과를 발표했다. CFC는 우리가 흔히 '프레온가스'라고 부르는 물질로 냉장고, 에어컨, 헤어스프레이 등에 주로 썼던 인공화합물이다. 문제는 CFC가 화학적으로 안정하기 때문에 대기에 방출된 뒤에도 거의 분해되지 않고 쉽게 성층권까지 올라간다는 점이다. 성층권까지 올라간 CFC는 자외선에 의해 분해되어 염소 원자를 방출하는데, 이때 생긴 염소 원자가 오존 분자를 분해하면서 오존층이 파괴된다. 보통 염소 원자 1개가 오존 분자 10만 개를 파괴한다. CFC가 어떻게 오존층을 파괴하는지 화학식을 통해 알아보자.

먼저 CFC가 강한 자외선에 의해 염소 원자가 유리되어 나간다.

$$CCl_2F_2 \rightarrow CClF_2 + Cl$$

유리된 염소 원자가 다음과 같이 오존과 연쇄적으로 반응을 일으켜 오존을 파괴한다.

$$Cl + O_3 \rightarrow ClO + O_2$$

$$ClO + O_3 \rightarrow Cl + 2O_2$$

1974년에 롤런드와 몰리나가 제기한 'CFC가 오존층을 파괴한다'는 점에 대해 미국 국립과학아카데미(NAS)가 1976년에 동조했다. 그러면서 1978년에는 미국, 노르웨이, 스웨덴, 캐나다에서 에어로졸 분사기

용기에 들어 있는 CFC 사용을 금지했다. 1985년에 영국 남극조사단은 남극 대륙 상공의 오존층에 구멍(hole)이 생겼음을 발견하면서 오존층 파괴가 심각함을 알렸다. 이에 국제적인 공조가 시작되면서 28개국 대표부가 '오존층을 보호하기 위한 비엔나 협약(VCPOL)'에서 이 문제를 논의했다. 회의에서는 오존 파괴 화학물질 관련 연구에 국제적 협력을 요청했고, 국제연합환경계획(UNEP)이 몬트리올 의정서의 기초 작업을 수행할 수 있는 권한을 부여했다.

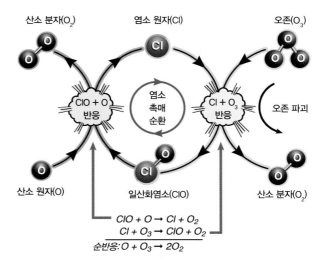

$$CIO + O \rightarrow Cl + O_2$$
$$Cl + O_3 \rightarrow CIO + O_2$$
순반응 : $O + O_3 \rightarrow 2O_2$

CFC의 오존 파괴 사이클
강한 자외선에 의해 CFC에서 유리된 염소 원자가 촉매 역할을 하며 오존과 연쇄적으로 반응을 해 오존을 파괴한다. 산소 원자와 일산화염소(CIO)의 반응, 염소 원자와 오존의 반응이 맞물려 일어난다.
© NOAA

몬트리올 의정서는 CFC 또는 CFCs, 할론(halon)처럼 지구 대기권의 오존층을 파괴하는 물질에 대한 사용금지 및 규제를 하기로 약속한 의정서이다. 1987년 9월에 의정서가 채택되어 1989년 1월 발효됐다. 가입국들이 99%의 오존층 파괴 화학물질을 단계적으로 폐기하도록 강제하고 있다. 처음에는 46개국으로 시작했으나 지금은 200여 개국이 가입했고 우리나라는 1992년 2월에 의정서에 가입(1992년 5월 발효)했다. 그러나 오존층의 파괴 속도가 당초 예상보다 빨라지자 1992년 11월 덴마크의 코펜하겐에서 제4차 가입국 회의가 열렸다. 이 회의에서 일부 물질에 대해 본래 2000년 1월에 완전히 폐기하기로 했던 계획을 1996년 1월로 앞당기고 규제 대상물질도 20종에서 96종으로 확대했다.

롤런드와 몰리나는 오존층 파괴 연구로 네덜란드 화학자 파울 크뤼첸(Paul Crutzen)과 함께 1995년에 노벨 화학상을 받았다. 그리고 1994년 제49차 유엔총회에서는 몬트리올 의정서 채택일인 1987년 9월 16일을 '세계 오존층 보호의 날'로 정했다. 이후 오존층 파괴물질의 배출이 줄어들면서 오존층의 복원이 이뤄지고 있다.

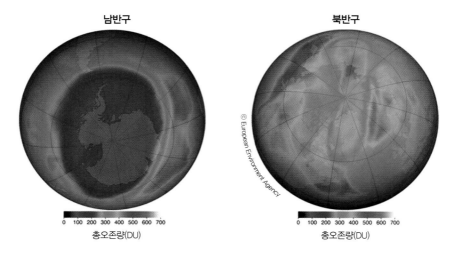

남반구　　　　　　　　　　　　　북반구

© European Environment Agency

총오존량(DU)　　　　　　　　　　총오존량(DU)

북반구와 남반구 상공의 오존 분포
파란색 부분은 오존층의 두께가 얇은 영역이고, 빨간색 부분은 두꺼운 영역이다. 남극 상공에 커다란 오존 구멍이
있음을 알 수 있다. 돕슨 단위(Dobson Unit, DU)는 0℃와 지표 대기압(1기압) 조건에서 단위 체적당 대기권 내
오존 농도를 오존층의 두께로 변환해 표시하는 단위다. 1DU는 순수 오존으로 이뤄진 0.01mm 두께의 오존층을
생성하는 데 필요한 오존 분자의 양을 나타낸다. 100DU는 동전보다 얇은 1.00mm 두께의 오존층을 뜻한다.

오존 구멍이 생기는 이유

　　　　오존층을 파괴하는 물질의 사용을 금지하기 시작한 기간이 30년
이 넘었음에도 여전히 오존 구멍이 발생하는 것은 왜일까? CFC를 비롯
한 오존 파괴물질은 방출 후에도 몇십 년에서 100년 정도 대기에 머물
러 있기 때문이며, 기온, 바람 등의 영향을 받기 때문이다.

　　　　남극 오존 구멍은 북극 오존 구멍과 비교해 과학자들의 더 많은 관
심을 받는다. CFC 등의 배출은 인간의 활동으로 발생하기에 당연히 사
람들이 많이 살고 산업화가 발달한 북반구가 남반구보다 배출이 많다.
그럼에도 CFC 배출이 상대적으로 적은 남반구의 남극 상공에 오존 구
멍이 왜 자주 그리고 더 크게 생기는 것일까? 그 원인으로는 두 가지가
있다.

　　　　첫째, 기온의 영향이다. 북극은 남극에 비해 기온이 높아 오존 파
괴가 심해지는 극소용돌이(polar vortex)가 잘 생기지 않는다. 남극 기
온이 북극보다 낮은 원인은 남극 성층권의 겨울철 대기순환이 남극을
중심으로 해서 거의 원형을 이루면서 매우 빠른 속도로 회전하기 때문

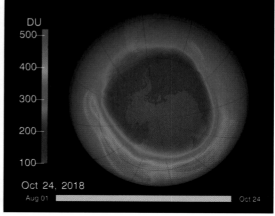

남극 극지점에서 미국 과학자들이 상공의 오존 두께를 측정하기 위해
오존존데를 띄우는 모습을 연속적으로 담은 사진.
© Robert Schwarz/University of Minnesota

2018년 10월 24일 남극 상공의 오존층 모습. 청색과 보라색은 오존층
두께가 얇은 부분이며 녹색과 황색은 비교적 두꺼운 부분이다. 이날
남극점 상층의 오존량은 최소 104DU(돕슨 단위)를 기록했다.
© NASA

이다. 이렇게 빠른 원형 파동 때문에 남극의 공기가 빠져나가지 못하고,
강한 극소용돌이는 남극 상공의 기온을 급격히 냉각시키면서 오존층을
파괴하는 극성층권 구름을 만들어낸다. 오존을 파괴하는 극성층권 구름
은 −78℃ 이하의 온도에서만 형성된다. 극성층권 구름은 비반응성 화
합물을 반응성 화합물로 변화시킬 수 있는 얼음 결정체를 포함하고 있
기에 태양 빛이 화학 반응을 시작하는 즉시 오존을 빠르게 파괴하기 시
작한다. 남반구의 봄(9월~11월)에 주로 오존 구멍이 발생하는데, 그 이
유는 바로 극성층권 구름과 태양고도의 변화 때문이다. 반대로 북반구
의 오존 구멍은 봄철인 4월에 시작해 5월에 최대가 된다. 강한 극소용
돌이의 또 다른 역할은 저위도나 중위도 상공에 있는 다른 오존이 남극
으로 들어오지 못하게 만든다. 이런 극소용돌이로 인해 남극은 겨울 동
안 극도로 냉각되면서 오존이 파괴되는 것이다.

　　북극과 남극 오존 구멍의 차이를 가져오는 또 다른 이유는 중고도
의 기온 차이 때문이다. 북반구의 중위도 지역은 온도가 높아서 프레온
가스가 오존층이 있는 성층권에 도달하기 전에 화학 반응을 일으켜 변
질된다. 그러나 남극은 기온이 굉장히 낮기에 이곳으로 날아온 프레온

가스가 변질되지 않고 성층권까지 그대로 올라가 오존층을 파괴하는 것이다. 북극 오존 구멍이 잘 생기지 않는 다른 이유는 북반구엔 대륙이 많아서 대기순환이 남극과 크게 다르기 때문이다. 북반구에서는 겨울철 성층권의 대기순환이 남극의 단순한 원형과 달리 주변 대륙 때문에 파동 형태를 띤다. 또 복잡한 대기순환은 북극의 공기가 중위도의 공기와 혼합되게 만든다. 그러니까 북극은 오존을 계속 공급받기 때문에 남극처럼 심각한 오존 감소나 구멍이 잘 발생하지 않는 것이다.

최근 오존 구멍의 변화 폭이 심해져

최근 들어 오존 구멍의 변화 폭이 심해지고 있는데, 오존층의 변화가 얼마나 심각한지 최근 3년간의 자료로 살펴보자. 미국 해양대기청(NOAA)과 항공우주국(NASA) 공동연구팀은 2018년 11월 25일 오존 상태 보고서를 발표했다. 이들은 2018년 오존 구멍 면적이 2287만 km^2(미국 면적의 3배)로 나타나 40년 동안 NASA 위성 관측 기록 가운데 13번째로 넓은 면적이었다고 발표했다. 2018년 남극 성층권의 염소 농도는 최고치를 기록했던 2000년보다 11%가량 줄었다면서 몬트리올 의정서의 영향으로 오존 구멍 면적은 유의미하게 줄어들고 있다고 주장한다. 그럼에도 오존 구멍 크기는 2016년에 2072만 km^2이었고 2017년엔 1968만 km^2로 줄었다가 2018년에 다시 급격히 증가한 것이다. 매년 오존 구멍의 넓이가 서서히 줄어드는데, 이런 현상이 발생한 것은 기후변화의 영향이다. 2018년 남극 상공 성층권의 기온이 매우 낮아지면서 오존층이 파괴될 '최적의 환경'이 만들어졌기 때문이다.

"2018년의 남극 상공 성층권 기온이 1979년 이후 가장 낮아 극성층권 구름이 많이 만들어지면서 구름 입자들이 오존을 파괴하는 염소와 브롬 화합물을 활성화시켰다."고 NASA 관계자는 말한다. 이처럼 오존층의 구멍 넓이는 차가운 남극 소용돌이에 강한 영향을 받는데, 이 소용돌이는 남극의 대기층 상공에서 시계방향으로 회전하는 성층권 저기압이다. 참고로 2016년과 2017년에 오존층 구멍이 2018년보다 작았던 것은 9월 기온이 비교적 높아서 남극 성층권 구름이 적었던 덕분이다.

　　NOAA와 NASA는 다양한 장비를 활용해 오존층의 두께와 구멍 안에서 오존 파괴 양을 감시한다. NASA의 아우라 위성, NASA–NOAA 수오미 NPP 위성, NOAA의 JPSS1/NOAA–20 위성 모두 우주에서 지구 대기의 오존을 측정한다. 아우라 위성의 마이크로파 림 사운더는 오존과 특정 염소 함유 기체 모두를 측정해 성층권의 총 염소 수치에 대한 추정치를 제공한다. 그리고 남극에서는 NOAA 직원이 오존을 측정하는 기구인 존데(sonde)를 실은 풍선을 발사하는데, 이 풍선은 고도 34km까지 상승하면서 오존 농도를 측정해 그 변화를 파악한다.

2019년 오존 구멍 역대 최소 기록

　　2019년 10월 NASA 및 NOAA 보고서에 따르면, 2018년에 넓어졌던 오존 구멍이 2019년에는 1982년 이후 가장 작아졌다. 정상적인 기상 조건하에서 오존 구멍은 일반적으로 2000만 km^2 정도의 면적까지 증가한다. 1980년 처음 관측된 오존 구멍은 이후 매년 8월 말경 만들어져 11월까지 지속된다. 그런데 2019년에는 오존 구멍이 9월 8일 1640만 km^2로 가장 넓어진 후 급격히 구멍이 줄어들면서 10월에는 1000만 km^2 이하로 작아졌다. 2000년대 들어 가장 오존 구멍이 넓었던 2006년의 2600만 km^2보다 무려 1/3 수준으로 줄어든 것이다. 지난 40년 동안 성층권이 따뜻해지면서 오존 구멍이 작아진 적은 세 번이 있었다. 즉 오존 구멍은 2019년을 포함해 1988년과 2002년에 작았는데, 이 중 2019년에 가장 작았다.

　　이렇게 오존 구멍이 작아진 것은 매우 좋은 일이지만, NASA 고더드 우주비행센터의 지구과학 수석 과학자 폴 뉴먼은 보고서에서 "2019년 우리가 보고 있는 결과는 성층권 온도가 더 따뜻하기 때문이라는 점을 인식하는 것이 중요하다."면서 "대기 오존이 갑자기 회복의 급물살

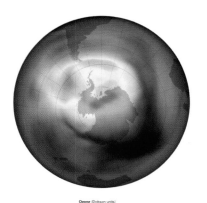

2019년 남극 상공의
오존 구멍 모식도.
© NASA

을 타고 있다는 신호는 아니다."라고 밝혔다. 2019년 9월 남극 극지점 상공 고도 약 20km의 기온은 영하 1.67℃로 40년 역사상 가장 따뜻했다.

성층권은 원래 기온변화가 완만한데, 이곳에서 급격히 기온이 상승하는 현상을 '성층권 돌연승온'이라고 한다. 이 현상이 발생하면 우리나라는 혹한이 온다. 이렇게 따뜻한 성층권 기온은 남극의 극소용돌이를 약화시켰다. 당연히 남극 주변을 도는 제트기류도 9월 초 260km/h의 평균 속도에서 110km/h로 절반 이상 약해졌다. 소용돌이의 회전이 느려지면 공기의 하강기류가 형성되면서 오존층을 파괴하는 극지방 성층권 구름이 만들어지지 않는다. 또 이런 기상 시스템으로 인해 오존이 풍부한 공기들이 남반구의 중위도에서 극지방으로 유입되면서 오존 구멍이 작아진 것이다.

2020년 남극의 오존 구멍은 다시 커졌다

2020년 10월 6일 세계기상기구(WMO) 보고서에 따르면, 그해 남극 오존 구멍은 크고 깊어졌다. WMO의 지구 대기 감시 프로그램은 유럽의 코페르니쿠스 대기 감시 서비스, NASA, 환경 및 기후변화 캐나다, 기타 파트너들과 긴밀히 협력하여 태양의 해로운 자외선으로부터 우리를 보호하는 지구의 오존층을 주의 깊게 살펴보고 있다. 2020년 오존 구멍은 8월 중순부터 급속히 커졌으며 10월 초에는 약 2400만 km^2를 기록했다. 이 정도의 오존 구멍 크기는 지난 10년 동안의 평균보다 크며 구멍은 남극대륙 상공 대부분에 퍼져 있다. WMO는 2020년에 큰 오존 구멍이 강하고 안정적이며 차가운 극지방 소용돌이에 의해 생겨났고, 남극 상공 오존층의 온도가 지속적으로 차갑게 유지되면서 오존 구멍은 넓어졌다고 밝혔다. 이처럼 오존 구멍 크기는 기후조건에 따라 변동성이 큰데, 2020년 남극 오존 구멍은 2018년의 오존 구멍 크기과 비슷할 정도로 넓었다.

2019년 3월과 2020년 3월의 북극권 총오존량 비교

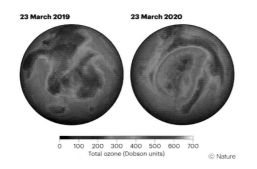

© Nature

2020년 10월 6일 남극 상공의 오존 구멍 모식도

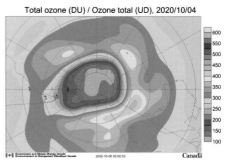

© Environment and Climate Change Canada

유럽중기예보센터(ECMWF)의 코페르니쿠스 대기 모니터링 서비스 책임자인 빈센트−헨리 푸치는 "2020년 남극 상공 오존이 계속 고갈되는 것을 목격했다. 기상 조건이 특별했던 2019년에 오존 구멍이 이례적으로 작았는데, 2020년 오존 구멍이 다시 커졌다. 이런 모습을 보면서 몬트리올 의정서를 지속적으로 시행할 필요가 있음을 확인하게 됐다"고 밝혔다.

2020년 10월 31일 NASA 보고서에 따르면, 2020년 11월까지 크고 깊은 남극 오존 구멍이 지속될 것으로 예상됐다. 즉 NASA와 NOAA의 과학자들은 WMO와 마찬가지로 극지방 소용돌이로 알려진 한랭 기온과 강한 바람이 11월까지 지속되면서 크고 깊은 남극 오존 구멍이 유지될 것으로 예상했다. 남극 오존 구멍은 2020년 9월 20일에 미국 대륙 면적의 약 3배인 2480만 km²로 최고 넓이에 달했다. 그리고 남극 상공 6.4km 높이의 성층권에서 오존이 거의 사라진 것으로 관측됐다.

북극 오존 구멍도 급격히 변화해

2020년 3월 27일 〈네이처〉에 따르면, 북극 상공에 희귀하고 큰 오존 구멍이 만들어졌다. 남극 오존 구멍은 9월에서 11월 사이에 발생하지만, 북극 오존 구멍은 봄철인 3월에서 5월 사이에 나타난다. 다만 북극 오존 구멍은 남극 오존 구멍처럼 매년 나타나거나 크게 발생하지 않는다. 남극 오존 구멍이 주기적으로 나타나는 이유는 남극의 겨울 기온이 주기적으로 낮게 떨어지면서 극성층권 구름이 만들어지기 때문이다. 그러나 북극에서는 남극처럼 급격한 기온 하강이 잘 발생하지 않는다.

그런데 2020년 3월 이례적으로 북극의 오존 구멍이 최대로 커졌다. 강력한 서풍이 북극을 중심으로 흘러들면서 '극소용돌이'가 만들어졌고 기온이 급격히 낮아졌다. 급격한 기온 저하로 인해 극성층권 구름이 형성되면서 오존층이 급격히 파괴된 것이다. 오존 구멍은 극도로 낮은 온도(−78℃ 미만), 햇빛, 유해 화학물질에 의해 만들어진다. 남극과 마찬가지로 북극 오존 구멍은 대부분 극소용돌이 내부에서 발생한다. 겨울에 강해지는 극소용돌이는 빠르게 부는 원형 바람 영역이며, 소용돌이 내에 기단을 고립시켜 매우 차갑게 유지하면서 오존 구멍을 만드는 극성층권 구름을 생성한다. 2020년 3월의 북극 상공 오존 농도는 3월 한 달 동안 사상 최저치에 도달했다. 보통 '오존 구멍 수준'으로 간주되는 220DU 이하로 감소했고, 최저 205DU를 기록했다. 2019년에 비해 오존량이 대폭 줄어들었음을 알 수 있다.

이런 기상 현상으로 북극 중심부의 대부분 지역에 걸쳐 오존 구멍이 나타나면서 총면적은 그린란드 면적의 약 3배에 이르렀다. 독일항공우주센터의 마틴 다메리스(Martin Dameris) 대기과학자는 "내 관점에서 북극의 실제 오존 구멍이라고 말할 만한 것은 이번이 처음"이라고 밝힐 정도로 극히 이례적인 현상이 발생한 것이다. 북극 주변 관측소에서 오존존데를 올려 오존 농도를 측정했다. 이 풍선들은 18km의 고도에서 거의 90%의 오존량이 감소했음을 관측했다. 북극에서 1997년과 2011년 봄에도 오존 구멍이 발생했지만, 2020년 봄에 생긴 오존 구멍이 가장 컸다. 그러나 북극 오존 구멍은 많은 사람에게 해를 줄 가능성이 낮다. 왜냐하면 봄은 북극권에서 태양이 막 수평선 위에 자리하기 시작하는 시기라 오존 구멍에 의한 자외선 피해가 적고, 오존 구멍은 그린란드나 시베리아 지역 상공에 한정돼 있어 사람들이 많이 사는 중위도 지역으로 내려갈 가능성이 적기 때문이다.

북극 오존 구멍이 최대로 발생했다는 사실을 WMO도 2020년 5월에 밝혔다. WMO의 지구대기감시(Global Atmosphere Watch) 오존 관측소, NASA 및 ECMWF가 구현한 '코페르니쿠스 대기 모니터링 서비스(CAMS)'에 따르면, 북극 전역에서 마지막으로 큰 오존 구멍이 발생한 때는 2011년 봄이었고 2020년 오존 구멍은 더욱 컸다. WMO 페테리 탈라스 사무총장은 "북극 성층권은 인간의 활동과 연관된 오존층 파괴 물질에 계속 취약하다. 어떤 특정한 겨울에 발생하는 오존 구멍의 크기는 기상 조건에 따라 달라진다. 2020년 오존 구멍이 커진 현상은 우리가 경계를 늦추지 않고 지속적인 관찰을 유지해야 한다는 것을 보여준다."고 말했다.

유럽우주국의 '코페르니쿠스 대기 모니터링 서비스'가 2020년 4월 23일에 갑자기 북극 오존 구멍이 사라졌다고 발표했다. 4월에 들어서면서 북극 성층권의 온도가 상승해 극지방의 소용돌이를 약화시키면서 두 개의 작은 소용돌이로 분리됐다. 이런 기압패턴 때문에 낮은 대기로부터 오존이 풍부한 공기와 혼합될 수 있었다. 3월에 생긴 역대 가장 큰 오존 구멍이 한 달 만에 사라진 것이다. 2020년 3월의 이례적인 북극 오존 구멍은 기후변화가 심각해질 미래에 더 많이 나타날 수 있음을 암시한다. 기상 조건과 기온이 해마다 달라지면서 오존층 파괴의 심각성이 늘어나 때때로 북극에 큰 오존 구멍이 발생할 수 있다는 뜻이다.

오존 구멍이 지구 기후에 미치는 영향

필자가 대학에서 기상학을 공부할 때 오존 구멍이라는 인식이 없었다. 성층권의 오존층은 자외선을 막아주는 역할을 하기에 우리가 지구에서 살아갈 수 있다는 강의 내용이 전부였다. 오랜 세월 동안 성층권에 대한 연구가 많이 이뤄지지 않았던 이유는 우리가 사는 대류권은 공기밀도가 높고 불안정한 데 비해 성층권은 공기도 희박하고 대기가 안정되어 있기에 어떤 기상 현상도 발생하기 힘들다고 봤기 때문이다.

그러나 2000년대 이후 성층권에 대해 많은 연구가 진행되고 있으며, 특히 오존 구멍이 지구 기후에 영향을 줄 수 있다는 연구결과도 나오고 있다. 대표적인 한국 과학자 두 명의 이론을 소개해 본다. 서울대 지구환경과학부 손석우 교수는 성층권이 기후변화에 어떤 영향을 주는지를 연구했다. 그의 논문이 〈사이언스〉 2008년 6월 13일 자에 실렸는데, 제목은 '성층권 오존 회복이 남반구 중위도 제트에 미치는 영향'이다. 손 교수는 오존이 기후를 바꿀 수 있다는 걸 확인했으며, 특히 남반구 기후변화에 오존층이 더 크게 작용한다는 사실을 알아냈다. 그의 연구에 의하면 남반구 여름철 기후변화는 80%가 오존 때문이며 북반구는 상대적으로 오존의 영향이 적기에 상관관계가 작다. 그리고 그는 남반구 오존 구멍은 남반구의 구름에도 영향을 준다는 사실도 밝혀냈다.

"오존층 파괴에 따른 대기순환 변화가 폭우의 주범입니다." 2013년 9월호 〈네이처 지오사이언스〉에 실린 UNIST 도시환경공학과 강사 라 교수의 주장이다. 강 교수는 지금까지 지구온난화의 영향으로 알려진 아열대 극한강수 발생의 명확한 원인을 밝혀냈다. 즉 극한강수의 강도와 발생빈도가 높아지는 원인이 남극의 오존 구멍이라고 밝혀낸 것이다. 지금까지 남반구의 극한강수 원인이 열대기후 특성과 지구온난화 현상에 의해 결정된다는 기존의 학설과는 정반대되는 이론이다. 극한강수 발생확률은 1%에 불과하지만, 태풍, 홍수 등과 직결되기에 막대한 경제적 손실과 인명피해, 생태계 파괴를 부른다. 그러기에 남반구 아열대 지역의 극한강수는 많은 나라의 큰 관심사다. 강 교수의 연구는 이 지역의 극한강수를 예측하는 데 큰 도움이 됐다.

UNIST 강사 라 교수는 남반구 아열대 여름 극한강수의 강도와 발생빈도가 높아진 원인이 남극 상공의 오존 구멍 때문이라는 사실을 규명했다.
ⓒ UNIST

동아시아에서 배출되는 '오존층 파괴물질' 막아야

2020년 WMO와 UN 환경 프로그램은 오존 고갈에 대한 과학적인 평가를 했다. "성층권 일부 지역의 오존층이 2000년 이후 10년에

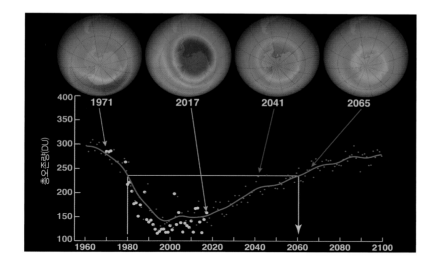

남극 오존 구멍의 회복 전망

1990년대 중반 이후 전 세계 오존양은 상대적으로 안정되고 있다. 모델 시뮬레이션 결과, 몬트리올 의정서를 준수할 경우 대략 2075년에 오존 구멍의 크기가 1980년 이전 수준으로 되돌아갈 것으로 전망된다. 흰 점은 매년 남극 상공의 10월 평균 최솟값을, 빨간 점은 모델의 해당 예측치를 각각 나타낸다.
© NASA

1~3%의 속도로 회복되고 있다. 이런 속도라면 북극과 북반구 중위도 오존은 2035년 이전에 완전히 회복되며, 남반구 중위도는 2050년, 남극지역은 2060년쯤에는 완치될 것이다. 단 모든 나라가 몬트리올 의정서의 약속대로 오존층을 파괴하는 물질을 배출하지 않는다는 조건에서다."

우리나라는 몬트리올 의정서를 착실하게 이행한 모범국가이다. 1998년 1만 3981t이었던 국내 오존층 파괴물질 사용량은 2008년 1852t으로 급격히 감소했다. 이 기간에 우리나라는 의정서에 따른 총소비한도량인 12만 242t보다 4만여 t이 적은 7만 5844t만 소비하며 어느 나라보다 적극적인 감축 활동을 벌였다.

그런데 동아시아에서 문제가 생겼다. 사용이 금지된 오존 파괴 화학물질인 사염화탄소(carbon tetrachloride, CCl_4)의 배출량이 늘어나고 있기 때문이다. 이게 사실이라면 오존층 복원은 예상보다 늦어질 수밖에 없다. 영국 브리스틀대학 연구팀이 2018년 9월 국제학술지 〈지구물리학 연구 회보(Geophysical Research Letters)〉에 발표한 논문에 따르면, 오존층을 파괴해 생산이 금지된 '사염화탄소' 배출량의 절반 이상이 중국 동부에서 나오는 것으로 밝혀졌다. 이들이 한반도 주변의 지상과 공중에서 측정된 CCl_4 수치와 대기 중 CCl_4 흐름을 계산할 수 있는 2개 모델을 이용해 분석한 결과, CCl_4가 중국 동부에서 대량 배출되고 있다는 결론을 내린 것이다.

CCl_4는 2010년부터 대기 중에 방출할 수 있는 곳에 사용할 목적으로 생산하는 것을 아예 금지했다. 그러나 최근 연구에서 CCl_4 연간 배출량이 4만 t에 달하더라는 것이다. 이에 어느 곳에서 불법으로 배출하는지를 연구하고자 영국 연구팀은 한국과 스위스, 호주 등의 연구팀과 협력해 동아시아 지역의 CCl_4 배출량을 측정했다. 연구 결과 2009년부터 2016년 사이 중국 동부에서 배출한 CCl_4가 세계 전체 배출량의 절반이나 되는 것으로 나타났다. 특히 산둥성의 경우 2012년 이후 새로운 배출원이 생긴 것으로 보여 일부 지역에서는 생산금지 조치가 시행된 2010년 이후 배출량이 오히려 더 늘어났다. 다만 연구팀은 CCl_4가 어떤 공장에서 어떻게 배출되는지, 중국에서 고의로 배출하는 것인지, 아니면 부주의로 배출되는 것인지를 파악하지는 못했다. 중국 정부는 자체 조사를 통해 일부 생산과 사용을 시인했지만, 대규모 불법 생산은 아니었다고 부인했다. 연구팀은 중국 이외에도 인도와 남미, 아시아 다른 지역처럼 주로 가난한 나라들에서 오존층 파괴 가스 배출이 이뤄지고 있다고 추정하고 있다.

브리스틀대학의 연구 발표 3달 후에 또 다른 연구결과가 발표됐다. 2018년 12월 미국 매사추세츠공과대(MIT) 연구팀이 오존층 재생에 새로운 위협이 되는 클로로포름에 대한 연구를 진행해 〈네이처 지오사이언스〉에 발표했다. 연구 결과 동아시아 지역의 클로로포름 배출량이 급증하면서 최대 8년까지 오존 회복을 지연시킨다는 내용이다. 클로로포름은 '초단기수명물질(VSLS)'이라는 화학물질 종류로 5개월 정도 대기 중에 머무르는 물질이며 냉매 제품에 사용된다. 수명이 짧아 오존에 실질적인 피해를 주지 않을 것으로 판단되어 몬트리올 의정서에서는 금지화합물로 논의되지 않았다. 연구팀은 2010년과 2015년 사이에 지구 대기에서 클로로포름의 배출과 농도가 급격히 증가하는 것에 주목했다.

2000년에서 2010년 사이 전 지구적 클로로포름 배출량은 연간 270kt으로 추정됐으나 2010년 이후로 상승하기 시작해 2015년 324kt에 이르렀다. 클로로포름의 배출처를 조사한 결과 동아시아, 특히 중국 동부지역에서 배출되는 클로로포름의 양이 전 세계 배출량의 대부분을 차지한다는 사실을 알아냈다. 클로로포름이 동아시아에서 증가하는 것은 더 위험할 수 있다. 동아시아 지역은 태풍, 몬순, 폭풍우의 영향을 많이 받기에 클로로포름처럼 수명이 짧은 화학물질을 성층권으로 밀어 올려 오존층을 파괴하기 쉽기 때문이다.

2019년 5월 경북대 지구시스템과학부 박선영 교수가 이끈 국제 공동 연구진은 중국 동부지역에서 많은 양의 프레온가스가 배출된다는 연구 결과를 〈네이처〉에 게재했다. 연구진은 제주도와 일본 하테루마섬에서 2008년부터 2017년까지 대기 중에서 측정한 프레온가스 농도를 분석했다. 이곳은 청정지역이어서 다른 지역에서 유입된 프레온가스를 연구하기에 좋다. 연구진은 컴퓨터 시뮬레이션을 통해 한국과 일본에서 관측된 프레온가스가 어디에서 왔는지, 배출량은 얼마인지 역추적했다. 그 결과, 2013년부터 산둥성, 허베이성 등 중국 동부지역에서 전 세계 프레온가스 증가량의 40~60%에 해당하는 7000t 이상이 배출되고 있음을 확인했다. 박 교수는 "이번에 관측된 배출량은 실제 불법 생산된 전체 프레온가스의 일부일 가능성이 크다."며 "추가 배출이 진행될 수 있는 만큼 대책이 시급하다."고 주장했다.

NASA의 한 대기과학자는 지구온난화와 오존 구멍의 급격한 변화가 관계있음을 주장한다. 최근 성층권 오존 구멍이 대류권의 기상에 많은 영향을 주고 있다는 연구 결과처럼 대류권의 기후변화가 오존 구멍에 영향을 줄 수 있다는 뜻이다. 지구의 건강한 삶을 지키기 위해선 지구온난화도 저지하는 동시에 오존 구멍을 만드는 불법 화학물질의 배출도 막는 노력이 필요하다.

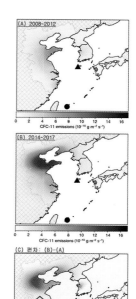

프레온가스 배출 지역 분포

2008~2012년과 2014~2017년의 프레온가스 평균 배출량과 그 편차 모식도. 위쪽 두 그림에서는 파란색이 진할수록 배출량이 많음을 나타내고, 맨 아래 그림에서는 빨간색이 진할수록 배출량이 증가했다는 뜻이다. 이로써 중국 동부지역의 배출량이 대폭 증가했음을 알 수 있다.

© Nature

9

ISSUE *과학정책*

K-뉴딜

한세희

* * *

연세대 사학과와 연세대 국제학대학원을 졸업했다. 전
자신문 기자를 거쳐 동아사이언스 데일리뉴스팀장을
지냈다. 현재 미국 매사추세츠공대(MIT)에서 발간하는
〈MIT 테크놀로지 리뷰〉 한국판의 편집을 맡고 있으며,
기술과 사람이 서로 영향을 미치며 변해 가는 모습을 항
상 흥미진진하게 지켜보고 있다. 『어린이를 위한 디지털
과학 용어사전』, 『과학이슈11 시리즈(공저)』 등을 썼고,
『네트워크 전쟁』 등을 우리말로 옮겼다.

K-뉴딜이란
무엇인가?

2020년 7월 14일 청와대에서 열린
'한국판 뉴딜 국민 보고대회(제7차
비상경제회의)'에서 문재인 대통령이
인사말을 하고 있다.
ⓒ 청와대

전환기의 세계에는 전환기의 정책이 필요한 법이다. 지금 대한민국은 중대한 변화의 기로에 서 있다. 추격자에서 선도자로 변신하고, 제조 역량에 정보와 지식 역량을 더하며, 탄소 경제에서 녹색 경제로 전환해야 할 시점이다.

대한민국은 지난 70년의 시간 동안 세계 최악의 빈곤 국가에서 세계 10위권의 경제 대국으로 성장했다. 앞서간 선진국을 때로는 모방하고 때로는 본받아가며 빠르게 추격했으나, 이제는 길을 안내해 줄 존재가 앞에 거의 없는 상황이다. 노동력과 자본을 투입하는 방식의 성장은 한계에 부딪혔으나 아직 창의와 혁신의 역량은 만족스럽지 못하다. 디지털 기술이 국경을 허물고 인공지능과 빅데이터, 소프트웨어와 알고리

즘이 세상을 바꾸고 있다.

　또한 우리는 인류 전체의 과제에도 동참해야 한다. 바로 탄소 배출량을 줄이고 기후 변화를 막아 지속 가능한 지구를 다음 세대에 삶의 터전으로 물려주는 일이다. 최근에는 여기에 한 가지 과제가 더 생겼다. 코로나19로 인한 위기와 변화에 대응하는 것이다. 새로 발생한 감염병이 세계 전체를 마비시키고, 당연한 것으로 여겼던 삶의 방식을 순식간에 바꿔야 하는 경험을 인류는 겪고 있다.

디지털 뉴딜, 그린 뉴딜, 안전망 강화라는 3가지 방향으로

　이런 이중 삼중의 도전 속에 정부가 내놓은 카드가 2020년 7월 발표한 한국판 뉴딜 정책, 일명 K-뉴딜이다. 어려움 극복과 새로운 사회 건설을 위한 시도이다. 기획재정부, 과학기술정보통신부, 행정안전부, 국토교통부, 교육부, 복지부, 산업통상자원부 등 거의 모든 정부 부처가 참여해 만든 종합 경제 개발 계획으로, 2025년까지 5년간 160조 원의 예산이 투입된다.

　한국판 뉴딜은 한국 사회의 체질 개선을 목표로 크게 세 가지 방향으로 추진된다. 경제 전반의 디지털 혁신을 위한 '디지털 뉴딜', 친환경 저탄소 사회로의 전환을 앞당기는 '그린 뉴딜', 그리고 이런 재편에 따른 불확실성 증가와 실업 확대 등에 대비한 '안전망 강화'다.

　디지털 뉴딜은 경제 전반을 디지털로 혁신하고 그 역동성을 촉진하는 것이 목표다. 특히 인공지능과 빅데이터 시대에 맞춰 디지털 경제의 기반이 될 데이터 활용을 고도화하는 데 초점을 맞춘다. 그린 뉴딜은 탄소 중립을 달성하기 위한 친환경 에너지 인프라를 구축하고 모빌리티 같은 친환경 산업의 경쟁력 강화를 지원한다는 정책이다. 안전망 강화는 고용과 사회안전망의 사각지대를 해소하고, 미래 사회에 대응할 수 있도록 직업 훈련을 제공하며 혁신 인재를 양성하려는 정책적 노력을 말한다.

이 중에서 디지털 뉴딜 정책은 디지털 경제 전환을 촉진하기 위해 데이터-네트워크-인공지능(DNA) 생태계와 비대면 산업 육성, 사회간접자본(SOC) 디지털화 등에 집중한다. 정부는 2025년까지 이 분야에 국비 44조 8,000억 원을 포함한 총 58조 원의 사업비를 투입해 90만 개 이상의 일자리를 만든다는 목표를 내걸었다.

그린 뉴딜 사업은 국비 42조 7,000억 원을 포함한 73조 4,000억 원 규모의 사업이다. 기후변화에 대응하고 친환경 경제를 구현하기 위해 녹색 인프라와 신재생 에너지, 녹색 산업 육성 등에 집중 투자를 할 계획이다. 이로 인해 늘어나는 일자리는 66만 개에 이를 것으로 기대된다. 고용 및 사회 안전망 확충과 디지털-그린 인재 양성처럼 사람에 대한 투자 등의 사업에는 28조 4,000억 원이 쓰인다.

우리 경제의 체질 강화하고 친환경 고부가 지식 사회로 전환해야

정부가 이처럼 경제와 사회 전반에 걸친 대형 국책 사업을 추진하는 배경에는 우리나라 경제의 체질 강화와 친환경 고부가 지식 사회로의 전환을 미룰 수 없다는 현실 인식이 자리하고 있다. 여기에 코로나19까지 겹치면서 체질 개선은 더 시급한 과제로 다가오게 됐다.

우리나라 경제의 성장세는 지속적으로 하락하고 있다. 연평균 경제성장률은 1990년대 6.9%에서 2000년대 4.4%, 2010년 2.9%로 계속 낮아졌다. 물론 경제가 성장에서 성숙 단계로 접어들면 자연스럽게 나타나는 현상이기는 하다. 보통 기업이나 국가나 경제 규모가 커질수록 성장률을 크게 높이기는 어렵다.

문제는 이를 돌파하고 질적 성장을 이룰 기반이 마련돼 있느냐는 점이다. 반도체산업처럼 일부 독보적 산업을 제외하면 자동차, 조선, 스마트폰, 석유화학 분야처럼 그간 우리나라를 이끌어왔던 제조업 분야의 경쟁력은 답보 상태이고, 중국, 인도 등 후발국의 거센 추격을 받고 있다. 인공지능, 빅데이터, 컴퓨팅과 소프트웨어 분야처럼 미래 경쟁력

일반 국민에게 한국판 뉴딜
정책을 설명하는 '한국판 뉴딜
국민 보고대회'.
ⓒ 청와대

의 핵심이 될 분야에서는 아직 선진국과의 격차가 크다.

　　반면 복지와 사회안전망은 아직 충분하지 않고, 양극화도 심해지고 있다. 소득 상위 20%와 하위 20%의 차이를 나타내는 소득 5분위 배율은 1990년대 3.86에서 2010년대 4.57로 커졌다. 2010년대 들어 소득 상위 20%의 사람들은 하위 20%에 비해 4.57배 더 많이 번다는 의미이다.

　　여기에 뜻하지 않게 코로나19 충격이 덮쳤다. 코로나19로 나라마다 국경이 봉쇄되고 나라 안에서도 사회적 격리 조치가 이어지면서 경제 침체와 고용 불안 문제가 다가왔다. 이런 충격은 특히 저소득층과 소외 계층 등 사회적 약자에 집중되는 경향을 보였다. 주변을 봐도 대기업 직원은 집에서 인터넷에 연결해 화상회의를 하며 재택근무를 하지만, 현장에 나와 일해야 하는 자영업 종사자는 손님이 없어 직접적 타격을 받는 것을 볼 수 있다. 충격이 장기화되면 고용이나 투자가 예전 수준으로 회복되지 못하고 경제가 항구적 타격을 입을 우려도 점쳐진다.

그렇지 않아도 사회의 활력이 약해지고 구조적 문제가 쌓이는 중에, 이 모든 문제를 심각하게 악화시킬 팬데믹의 습격을 받은 것이다. 그러나 이는 한편으로는 구조적 개혁을 더 이상 미룰 수 없다는 강력한 동기를 부여했다. 한국판 뉴딜은 미룰 수 없는 개혁을 위한 청사진이자 설계도이다.

코로나19가 불러온 삶과 사회의 변화

특히 코로나19 팬데믹은 한국판 뉴딜 계획의 수립에 촉매제가 됐다. 코로나19로 우리 삶의 모습은 많이 변했다. 사무실에 모이지 않고 집에서 컴퓨터와 인터넷, 스마트폰과 화상회의로 일을 할 수 있음을 알게 됐다. 교실이 아니라 온라인을 통해 수업을 듣고 숙제를 제출했다. 온라인 쇼핑과 배달 앱 사용이 급증하며 장 보고 밥 먹는 일의 상당 부분을 비대면으로 해결했다.

화상회의라는 틈새시장을 공략하던 줌(Zoom)이라는 회사는 갑자기 세상 모든 사람이 다 쓰는 앱을 만드는 회사가 됐다. 전자상거래 1등 기업 아마존을 비롯해 디지털 서비스를 제공하는 회사들은 위기 가운데 오히려 더 커졌다. 아마존, 마이크로소프트, 구글, 애플, 페이스북 등 미국 5대 플랫폼 기업이 미국 주식 시장에서 차지하는 비중은 20%를 넘어섰다. 반면 디지털 기반이 취약한 전통 서비스업체나 중소 제조업체는 돌이키기 힘든 피해를 입었다.

우리는 모두 예전의 '일상'으로 돌아가기를 바라는 마음 한편으로, 삶이 다시는 예전과 같지는 않을 것이라는 느낌을 안고 살고 있다. 이런 변화는 우리 사회가 앞으로 어디로 가야 할지, 정책과 예산의 우선순위는 어디에 둬야 할 것인지에 대한 고민을 불러일으킨다.

한국판 뉴딜 계획에 드러난 우선순위는 디지털 경제와 그린 경제다. 디지털 경제로의 전환을 서두르는 것이 국가의 산업과 기업 경쟁력을 좌우한다는 사실은 명백해졌다. 이를 위해 IT 분야의 기초 인프라에

코로나19로 인해 고용 불안이 심해지면서 한국판 뉴딜 정책에서도 '안전망 강화' 방안을 제시하고 있다. 사진은 2020년 7월 22일 서울 종로구 소재의 서울 고용복지 플러스 센터를 방문한 김용범 기획재정부 차관.
ⓒ 기획재정부

원격 화상회의는 코로나19 시기에 일상적인 모습이 됐다. 사진은 2021년 1월 19일 서울 광화문에서 열린 '한국판 뉴딜 자문단 디지털 뉴딜 분과 제3차 회의'.
© 기획재정부

대한 투자가 중요하다는 사실도 새삼 부각됐다. 5G 통신망 구축, 인공지능 역량 강화, 데이터 확보 및 활용 등이 디지털 시대의 새 인프라로 주목받게 됐다.

친환경 경제 역시 코로나19로 인해 중요성이 커진 분야다. 코로나19가 미친 영향 중 하나는 기후변화 위기의 파급력에 대한 재평가가 이뤄지는 계기가 됐다는 점이다. 감염병과 기후변화는 공통점이 많다. 전문가들의 경고가 이어졌음에도 제대로 대비하지 못했고, 물리적 요인을 제거해야만 해결할 수 있다. 과거 지식만으로는 미래 방향을 예측하기 힘들고, 문제가 일정 수준을 넘어서면 사회경제적 비용이 기하급수적으로 증가한다는 점도 비슷하다.

코로나19에 당했던 실수를 친환경 저탄소 경제에서는 반복하지 말아야 한다는 목소리가 커졌다. 그린 경제로의 전환을 통한 새로운 경제적 기회 및 사회 구조의 변화는 현재의 위기를 극복할 가장 좋은 방법 중 하나이기도 하다. 유럽연합(EU)은 환경규제 준수를 7,500억 유로, 즉 우리 돈 1,000조 원이 넘는 코로나19 지원기금 집행의 기본 원칙으로 정했다.

해외 뉴딜 정책, 미국 뉴딜에서 유럽 그린 딜까지

사회경제의 구조적 위기를 새 시대를 겨냥한 정책 지원을 통해 해결하고자 하는 노력은 세계적으로도 드문 일이 아니다. '뉴딜(new deal)'이란 용어의 기원이 된 1930년대 미국 뉴딜 정책 자체가 대공황으로 인한 경제 위기를 극복하고 당시 경제와 사회 시스템의 문제를 해결하고자 하는 노력의 일환이었다. 1930년대 경제 대공황을 극복하기 위해 미국 프랭클린 루스벨트 대통령이 추진한 정책 모음이 바로 뉴딜이다. 구제(relief), 회복(recovery), 개혁(reform)이라는 정책 목표가 지금 한국판 뉴딜과 일맥상통하는 면이 있다.

당시 뉴딜 정책으로 미국 정부는 도로, 교량 등 사회 기반시설을 건설하고 농업을 지원하며 일자리를 만들었다. 예술 활동도 지원했다. 사업주와 노동자가 비용을 분담하는 오늘날 사회보장제도의 기본 모습 역시 이때 등장했다. 이 정책은 뉴딜의 핵심 정책으로 추진됐다. 뉴딜은 단순한 건설 사업이 아니라 위기에 몰린 사람들을 위한 고용과 복지의 틀을 만드는 작업이기도 했다. 이후 2000년대 들어 뉴딜이 부활한다. 이번에는 친환경 에너지의 비전과 결합했다. 미국 언론인 토머스 프리드먼은 2008년 저서 『코드 그린』에서 에너지 위기를 경고하며 정부가 녹색 혁명을 주도해야 한다고 촉구했다. 녹색 버전 뉴딜 정책으로 새로운 청정에너지 산업을 일으키자는 주장이었다. 이를 통해 미국이 새로운 세계 경제 질서를 주도하고, 석유 자금으로 무장한 독재 국가를 견제할 수 있어 안보 위협도 줄일 수 있다는 논리였다.

2008년 영국에서는 환경 및 경제 분야 전문가들이 '그린 뉴딜' 보고서를 냈다. 정부가 에너지 효율을 높이기 위해 투자하고 저탄소 인프라를 구축해 녹색 일자리를 창출해야 한다고 목소리를 높였다. 이 시기 미국 오바마 대통령은 친환경을 주요 정책 기조로 내세웠고, 실제 신재생 에너지에 대한 투자를 적극적으로 진행했다. 유엔 환경계획(UNEP) 역시 그린 뉴딜을 적극 지원하기 시작했다. 환경 문제 해결을 경제 성장

1930년대 미국 루스벨트 대통령(오른쪽 사진)은 대공황을 극복하기 위해 '뉴딜 정책'을 추진했다. 그중 대표적인 사업이 테네시강 유역 개발공사(왼쪽 사진은 1933년 관련 법의 서명 장면)였으며, 뉴딜 정책 기관 중 하나인 공공산업진흥국에서는 예술가들을 고용해 '댐의 건설(1939, 윌리엄 그로퍼, 아래쪽 사진)' 같은 공공벽화를 그리도록 하기도 했다.

및 혁신과 연계하는 일종의 친환경 경제 성장 전략이었다.

2019년에는 알렉산드리아 오카시오-코르테즈 하원의원 등 70여 명의 미국 민주당 상하원 의원들이 '그린 뉴딜 결의안'을 제출했다. 사회적 부정의를 해결하고 온실가스 순배출 제로라는 목표를 달성하기 위해 국가가 강력히 나서야 한다는 내용이었다. 질 좋은 일자리와 경제 번영, 지속 가능성을 높이기 위한 기반시설과 산업투자 등을 주장했다. 모든 사람에게 깨끗한 물과 공기, 좋은 환경과 음식을 제공할 것과 소수자와 약자에 대한 평등도 요구했다. 이런 목표를 10년 안에 달성하기 위해 온실가스 배출을 막는 인프라 개선, 100% 친환경 신재생 에너지를 통한 전력 생산, 스마트 그리드 구축, 에너지 효율을 개선하기 위한 모든 빌딩 업그레이드, 청정 제조업 구축과 교통 시스템 개혁 등을 과제로 제시했다. 이대로 실행하면 미국 전체 경제 활동의 75%가 정부 지출에서 나오게 되리라는 전망도 나온다. 실현 가능성에 대한 의구심도 크지만, 기후변화 대응과 친환경 정책에 대한 정치권의 높은 관심을 잘 보여 준다.

유럽연합(EU)도 2050년까지 유럽을 탄소중립지역으로 만든다는 '유럽 그린 딜 정책'을 추진하고 있다. 기존 목표를 상향해 온실가스를 2030년까지 1990년대 수준의 50%로 감축하고 탄소저감 노력이 미진한 회원국에는 '탄소 관세'를 매기는 방안 등이 포함돼 있다. 생산과정에서 이산화탄소를 많이 배출하는 제품의 수출입에는 높은 세금을 물린다.

과학기술과 함께하는 한국판 뉴딜

세계의 다른 '뉴딜' 정책과 마찬가지로 한국판 뉴딜 역시 경제와 산업, 고용과 복지, 정책과 기술 등이 복합된 정책이다. 기술의 중요성이 계속 커져 가는 현대 사회의 흐름에 맞춰 한국판 뉴딜 정책에서도 과학기술의 비중과 역할이 크다. 인공지능, 데이터, 네트워크를 중심으로 하는 디지털 기술과 신재생 에너지 등 친환경 기술의 개발과 보급이 정책의 뼈대를 이루고 있다.

2020년 8월 14일 디지털 뉴딜 선도업체 중 하나인 메디컬아이피(서울 종로구 소재)를 방문한 안일환 기획재정부 차관이 의료영상 분석소프트웨어, 3D 프린팅 등에 대한 설명을 듣고 있다.
ⓒ 기획재정부

한국판 뉴딜은 디지털 뉴딜과 그린 뉴딜, 안전망 강화 등 3개 영역에서 총 28개의 과제로 구성돼 있다. 디지털 뉴딜에서 D.N.A. 생태계 강화, 교육 인프라 디지털 전환, 비대면 산업 육성, 사회간접자본(SOC) 디지털화 등 4개 분야를, 그린 뉴딜에서 도시·공간·생활 인프라 녹색 전환, 저탄소·분산형 에너지 확산, 녹색산업 혁신 생태계 구축 등 3개 분야를 각각 다룬다. 또 안전망 강화 영역에 고용사회안전망, 사람투자 등 2개 분야가 있다. 이렇게 총 9개의 분야가 있으며 그 아래에 28개의 세부 과제가 있다.

D.N.A.란 데이터(Data), 5G 네트워크(Network), 인공지능(AI)을 말한다. 전 산업에 걸쳐 데이터, 5G, 인공지능 활용과 분야별 융합을 가속화해 디지털 신제품과 신서비스를 창출하고 경제의 생산성을 높인다는 목표다. 양질의 데이터를 수집하고 관리하며 AI 등에 활용해 새로운 가치를 만들기 쉽게 한다. 문화와 산업 분야에서 실감 콘텐츠, 스마트 팩토리, 자율주행 자동차처럼 5G 및 인공지능과 융합된 새로운 서비스 개발을 지원한다. 우리나라의 앞선 전자정부 역량을 업그레이드한 5G 및 AI 기반 지능형 정부, 사이버 보안을 강화하기 위한 K-사이버 방역체계도 구축한다.

코로나19로 학교 현장 교육이 마비되고 온라인 교육 비중이 높아진 가운데, 정부는 교육 인프라의 디지털 전환도 추진한다. 전국 초중고에 스마트 기기와 고성능 와이파이(Wi-Fi)를 확대하고, 맞춤형 학습 콘텐츠를 제공하는 온라인 교육 통합 플랫폼을 구축한다. 전국 대학과 직업훈련기관의 온라인 교육도 강화한다.

또한 의료와 기업 업무를 온라인으로 수행할 수 있도록 비대면 인프라를 구축하고 나아가 비대면 산업의 육성을 꾀한다. 디지털 기반 스마트병원을 구축하고, 특히 호흡기 환자를 안전하게 진료할 수 있는 호흡기전담클리닉을 1000개소 설치한다. 사물인터넷(IoT)과 인공지능을 활용한 노인 디지털 돌봄도 추진한다. 중소기업과 소상공인을 대상으로 원격근무 시스템 구축과 온라인 비즈니스 전환을 지원한다. SOC 핵심 인프라의 디지털화는 국민 생활의 편의성을 높이는 역할을 한다. 교통과 수자원 관리 등을 디지털화하고, 전통적 도시와 산업공단은 교통, 방범 등이 통합 관리되는 스마트시티와 유해물질 유출이 원격 모니터링되는 스마트산단으로 각각 탈바꿈한다.

그린 뉴딜 분야에서는 우선 국민의 일상생활 공간을 친환경으로 바꾸기 위한 도시·공간·생활 인프라 녹색 전환이 추진된다. 공공건물과 학교를 에너지 효율이 높은 친환경 건물로 바꾸는 그린 리모델링, 도시와 해양의 생태계 회복, 스마트 기술을 사용한 물관리체계 구축 등이 포함돼 있다. 에너지 관리 효율화를 위한 스마트 그리드 구축과 신재생에너지 확산, 전기차와 수소차 같은 그린 모빌리티 보급 등을 골자로 하는 저탄소·분산형 에너지 확산에도 적극 나선다. 녹색 산업 분야의 유망 기업을 육성하기 위한 금융과 인프라 구축으로 녹색산업 혁신 생태계 조성을 지원한다.

K-뉴딜 10대 대표 과제

정부는 이들 3개 분야 28개 과제 중에서 다시 10대 대표 과제를 골랐다. 디지털 뉴딜과 그린 뉴딜에서 각각 3개, 디지털-그린 융복합

2020년 7월 15일 홍남기 부총리 겸 기획재정부 장관이 한국판 뉴딜과 관련 현장방문의 하나로 경기도 하남시 소재 하남정수장 안전관리 현장을 찾았다.
ⓒ 기획재정부

2020년 7월 15일 홍남기 부총리 겸 기획재정부 장관이 한국판 뉴딜과 관련 현장방문의 하나로 경기도 하남시청 종합상황실을 찾아가 KT 실시간 안전관제 서비스 현장에 대해 관계자의 설명을 듣고 있다.
ⓒ 기획재정부

분야에서 4개를 선별했다. 디지털 융합 분야에는 데이터 댐, 지능형(AI) 정부, 스마트 의료 인프라 등이 선정됐으며, 그린 뉴딜에서는 그린 리모델링, 그린 에너지, 친환경 미래 모빌리티가 꼽혔다. 디지털과 그린 융복합 과제로는 그린 스마트 스쿨, 디지털 트윈, 국민안전 SOC 디지털화, 스마트 그린 산단 등이 채택됐다. 모두 경제에 미치는 영향이 크고 지역 균형 발전에 효과가 큰 사업, 지속가능한 대규모 일자리를 만들 수 있는 사업이다. 새로운 비즈니스를 활성화하고 민간 투자를 일으킬 수 있는지도 고려했다.

데이터 댐 사업은 데이터 수집 및 활용을 촉진하기 위한 과제다. 물을 커다란 댐에 모아두고 관리하다 산업이나 농사 등 용도에 맞춰 활용하듯 데이터를 대규모로 축적하고 관리하며 필요에 따라 적절히 활용하게 한다는 취지이다. 데이터 수집, 가공, 거래, 활용기반을 강화해 데이터 경제를 발전시키고, 각 산업과 5G 및 AI와의 융합을 촉진한다.

공공 데이터 14만 개 이상을 신속히 개방하고, AI를 학습시키는데 필요한 데이터 세트 1300종을 구축해 인공지능 모델 개발에 활용할수 있게 한다. 데이터의 수집, 구축, 가공, 분석, 거래, 활용을 지원하기 위해 현재 금융, 환경, 문화, 교통, 헬스케어, 유통, 지역경제, 삼림 등

10대 대표과제 및 안전망의 투자계획 및 일자리 효과
◇ **2022년까지 총사업비 55.1조 원(국비 40.3조 원), 일자리 69.3만 개**
◇ **2025년까지 총사업비 129.3조 원(국비 95.3조 원), 일자리 145.0만 개**

(총사업비(국비) 단위: 조 원, 일자리 단위: 만 개)

디지털 뉴딜 (3개)

과제	총사업비(국비)		일자리
	2020추~22	2020추~25	2020추~25
❶ 데이터 댐	8.5 (7.1)	18.1 (15.5)	38.9
❷ 지능형(AI) 정부	2.5 (2.5)	9.7 (9.7)	9.1
❸ 스마트 의료 인프라	0.1 (0.1)	0.2 (0.1)	0.2

그린 뉴딜 (3개)

과제	총사업비(국비)		일자리
	2020추~22	2020추~25	2020추~25
❽ 그린 리모델링	3.1 (1.8)	5.4 (3.0)	12.4
❾ 그린 에너지	4.5 (3.7)	11.3 (9.2)	3.8
❿ 친환경 미래 모빌리티	8.6 (5.6)	20.3 (13.1)	15.1

융합 과제 (4개)

과제	총사업비(국비)		일자리
	2020추~22	2020추~25	2020추~25
❹ 그린 스마트 스쿨	5.3 (1.1)	15.3 (3.4)	12.4
❺ 디지털 트윈	0.5 (0.5)	1.8 (1.5)	1.6
❻ 국민안전 SOC 디지털화	8.2 (5.5)	14.8 (10.0)	14.3
❼ 스마트 그린 산단	2.1(1.6)	4.0 (3.2)	3.3

안전망 강화

과제	총사업비(국비)		일자리
	2020추~22	2020추~25	2020추~25
고용·사회 안전망	10.0 (9.3)	24.0 (22.6)	15.9
사람투자	1.7 (1.5)	4.4 (4.0)	18.0

10개 분야에만 마련돼 있는 빅데이터 플랫폼도 주력산업, 혁신성장 동력 분야, 유망서비스업 등을 고려해 30개 분야로 확대한다.

초고속 5G 망을 기반으로 가상현실(VR), 증강현실(AR) 등 실감

2020년 6월 26일 안일환 기획재정부 차관이 그린·디지털 뉴딜 사업 현장방문 일환으로 경기도 시흥시 소재 시화 도금단지와 스마트제조혁신센터를 방문해 AR·VR 산업용 AI, 스마트 공정라인 등을 시찰했다.
ⓒ 기획재정부

기술을 적용한 교육·문화 디지털 콘텐츠나 자율 주행기술 같은 융합 서비스 개발을 지원한다. AI를 접목한 스마트공장 1만 2000곳을 지원하고 신종 감염병 예측, 의료 영상판독 등 7개 생활 밀접 분야에 AI를 적용하는 식으로 AI 융합에도 힘을 쏟는다.

지능형 AI 정부는 국민에게 맞춤형 공공 서비스를 제공하는 똑똑한 정부를 구현하는 사업이다. 블록체인 기술로 복지급여 수급 관리, 부동산 거래, 온라인 투표 등의 관리를 강화하고, 모바일 신분증 등을 갖고 공공서비스를 비대면으로 편리하게 이용할 수 있게 한다. 언제 어디서든 접속이 가능한 스마트 업무환경을 구현하기 위해 전 정부청사에 5G 국가망을 단계적으로 구축하고, 대국민 공개용 홈페이지처럼 정보시스템의 효율적 활용이 우선시되는 시스템은 민간 클라우드센터로 이전하는 한편 수사, 재판 등 공공행정 업무 관련 시스템은 보안기능을 강화한 공공보안 클라우드센터로 이전하고 통합한다.

스마트 의료는 감염병 위험으로부터 의료진과 환자를 보호하고 환자의 의료 편의를 높이는 디지털 기반의 스마트 의료 인프라 구축을 목표로 한다. 비대면 의료 서비스 기반을 확충해 2025년까지 스마트병원 모델 18개, 호흡기전담클리닉 1000개를 설치하고 AI가 진단할 수 있는 질환을 현재 8개에서 20개로 늘린다. 디지털 기반 스마트병원은 5G와 사물인터넷(IoT)을 활용해 입원환자를 실시간 모니터링하고 의료기

2021년 1월 19일 홍남기 부총리 겸 기획재정부 장관이 한국동서발전 동해바이오발전본부를 방문해 수소연료전지 설비를 둘러봤다.
ⓒ 기획재정부

관 간 협진이 가능하다. 간 질환, 폐암, 당뇨 등 12개 질환에 대해 AI가 진단하는 소프트웨어를 개발한다.

그린 스마트 스쿨은 쾌적한 디지털 학습이 가능한 녹색 공간을 지향한다. 낡은 학교에 태양광 발전 시설과 친환경 단열재를 설치해 에너지 효율을 높이는 한편, 38만 개의 초중고 전체 교실에 Wi-FI를 구축하고 노후 PC 20만 대를 교체한다. 온라인 교육 통합 플랫폼을 구축해 콘텐츠 제공, 학습 관리, 평가 등 온라인 학습의 전 과정을 지원한다.

디지털 트윈은 가상 공간에 현실 공간이나 사물의 쌍둥이(twin)를 구현하는 기술로, 현실에서 생길 수 있는 상황을 시뮬레이션해 현실을 분석하고 예측하는 데 쓰인다. 예를 들어 반도체 생산 라인에 디지털 트윈을 구축하고 센서 등으로 수집한 현실 정보를 분석하면, 공정 변화나 투입 재료 수정 시 작업 결과를 미리 시뮬레이션하고 개선 방안을 만들 수 있다. 정부는 자율주행차량, 드론 등과 관련된 신산업 기반을 마련하고 국토와 시설을 안전하게 관리하기 위해 도로, 지하 공간, 항만, 댐 등의 디지털 트윈을 구축한다. 2025년까지 국도 전체와 4차로 이상 지방도로까지 고정밀 3D 지도를 구축해 자율주행에 활용하고, 스마트항만과 스마트시티를 조성하기 위한 디지털 트윈도 만든다.

SOC 디지털화는 차세대 지능형 교통 시스템과 철로 IoT 센서 설치, 15개 공항 비대면 생체 인식 시스템 구축, 국가 하천 등 수자원 관리, 재난 조기 경보 시스템 구축 등을 통해 국민 안전을 지키기 위한 사

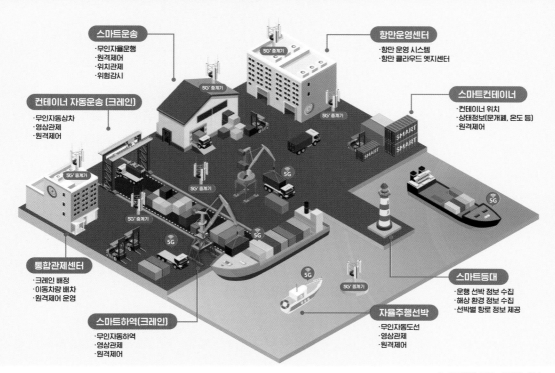

스마트운송
- 무인자율운행
- 원격제어
- 위치관제
- 위험감시

항만운영센터
- 항만 운영 시스템
- 항만 클라우드 엣지센터

컨테이너 자동운송 (크레인)
- 무인자동상차
- 영상관제
- 원격제어

스마트컨테이너
- 컨테이너 위치
- 상태정보(문개폐, 온도 등)
- 원격제어

통합관제센터
- 크레인 배정
- 이동차량 배차
- 원격제어 운영

스마트하역(크레인)
- 무인자동하역
- 영상관제
- 원격제어

스마트등대
- 운행 선박 정보 수집
- 해상 환경 정보 수집
- 선박별 항로 정보 제공

자율주행선박
- 무인자동도선
- 영상관제
- 원격제어

스마트항만 물류 자동화 개념도.
스마트항만은 디지털 뉴딜
사업에 속한다.
© LGU+

업이다. 스마트 그린 산단은 제조업체들이 집적돼 있는 산업단지를 디지털 기술에 기반해 생산성과 에너지 효율이 높은 친환경 스마트 제조 공간으로 진화시키는 것을 목표로 한다. 제조공정을 테스트하기 위한 시뮬레이션 센터를 3곳, 인공지능과 드론을 활용한 유해화학물질 유출 모니터링 체계를 15곳에 각각 구축한다.

그린 뉴딜 분야의 그린 리모델링은 공공건축물에 선도적으로 태양광 설비, 친환경 단열재 등을 설치해 고효율 에너지 빌딩으로 전환하는 사업이다. 15년 이상의 공공임대주택, 어린이집, 보건소 등과 문화 시설, 정부 청사 등이 대상이다. 그린 에너지는 태양광, 풍력 등 신재생 에너지에 관련된 산업 생태계를 키우기 위해 R&D를 지원하고 설비를 보급하는 사업이다. 신재생 에너지 발전 용량을 2020년 12.7GW에서 20205년 42.7GW로 3배 이상 늘인다.

친환경 미래 모빌리티 사업은 온실가스, 미세먼지를 감축하고 글로벌 미래 자동차 시장을 선점하고자 전기차와 수소차를 보급하는 사업이다. 노후 경유차와 선박의 친환경 전환에도 속도를 낸다. 전기 승용차, 전기버스, 전기 화물차를 2025년까지 113만 대 보급한다. 이는 2019년 9만 대보다 10배 이상 늘어난 것이다. 충전기도 4만 5000대를 보급하며 충전 인프라를 갖춘다. 수소차는 20만 대 보급이 목표다. 충전 인프라를 450대 설치하고 수소를 생산해 인근 충전소에 공급하는 수소 생산기지를 건립하며 수소 유통 기반을 구축한다. 전기차 부품, 수소차 연료전지, 친환경 선박 혼합연료 등 미래 모빌리티 핵심 기술에 대한 연구 개발도 추진한다. 2025년까지 국비 13조 원을 포함한 총 20조 원의 사업비를 투자해 15만 개의 일자리를 만든다는 목표다.

과연 장밋빛 미래가 펼쳐질까

한국판 뉴딜은 우리나라의 경제와 사회 구조에 변화가 필요한 변곡점을 맞아, 혁신의 방향을 제시하고 예산과 자원을 투입해 변화의 마중물 역할을 한다는 점에서 의미가 있다. 코로나19 위기를 맞아 경제 각 분야에 활기가 돌 수 있도록 돈을 쓰고, 팬데믹의 어려운 상황을 디지털 혁신과 친환경 사회로의 전환 등 기왕의 사회적 과제들을 추진하는 계기로 활용한 셈이다.

그러나 그간 각 부처에서 추진돼 오던 사업들을 다시 재구성한 내용도 많이 있어 실질적으로 큰 변화를 일으킬 수 있을지 의구심을 품은 목소리도 있다. 또한 큰 부가가치를 추가로 일으킬 수 있는 정책보다는 당장 사회 각 분야에 예산을 나눠주는 형태라는 점도 우려를 더한다. 인공지능이나 빅데이터 등의 디지털 혁신을 주도하려면 고급 지식 인력이 필요한데, 이는 정부 예산으로 단기간에 만들어낼 수 없다.

정부는 데이터 댐 사업처럼 데이터 활용을 강조하고, 인공지능과 빅데이터 분야의 전문성을 갖춘 인력 양성을 약속하지만, 이렇게 해서 창출되는 일자리는 인공지능 학습을 보조하기 위한 데이터 레이블링 같은 것이 대부분이다. 데이터 레이블링이란 인공지능이 인터넷의 이미지나 문장 등을 갖고 학습할 수 있도록 사람이 이미지나 글의 각 부분에 꼬리표를 달아 분류해주는 일이다. 디지털 시대의 '인형 눈붙이기' 아르바이트라는 별명도 붙어 있다. 단기적인 비숙련 노동자 양성에 정부 예산을 쏟는 결과가 나올 수도 있다는 뜻이다.

뉴딜 정책은 정부 예산을 투입해 경제에 강제로라도 돈을 돌게 하는 것이 핵심이기는 하지만, 이를 시장의 개혁까지 연결해야 장기적 효과를 인정받을 수 있다. 이런 조치들이 시장 효율에 악영향을 미쳐 자칫 전체적으로는 사회 후생을 떨어뜨리는 '언 발에 오줌 누기' 정책이 될 우려도 있다. 이는 아무리 정교한 정책이라도 극복하기 힘든 부분이기도 하다. 즉 정부가 혁신의 방향을 결정하고 예산을 투입하는 방식이 가진 필연적 비효율성을 극복하는 것이 과제라는 얘기다.

2020년 8월 한국경영학회 소속 경영학자 214명을 대상으로 조사한 결과, 경영학자들은 '한국판 뉴딜 정책'에 대해 후한 평가를 내리지 않았다. 내용이나 시기 모두 적절하지 않았다는 뜻이다. 정책이 한발 늦게 발표됐고, '한국형 뉴딜 펀드'를 조성해 정부가 직접 투자하려는 움직임도 적절하지 않다는 목소리가 높았다. 정부를 비롯한 공공 부분이 민간만큼 효율적으로 움직이기는 어렵다. 사실 위기 상황에서 민간이 효율적으로 신성장동력을 찾아낼 수 있도록 제도를 만들고 판을 까는 것이 정부의 역할인데, 아예 정부 스스로 사업을 주도하려 한다는 염려도 적지 않다. 차라리 세금을 줄이고 공공부문을 축소하는 편이 장기적으로 위기 극복에 도움이 될 수 있다는 주장이다.

이것은 시장 경제에서 정부의 역할에 대한 고전적 논란의 반복이기도 하다. 정부가 시장에 개입하는 것은 얼마나 정당화될 수 있는지, 개입한다면 그 적절한 범위는 어느 정도인지는 수많은 토론에도 불구하고 좀처럼 결론에 이르지 못하는 주제다. 이런 어려움에도 불구하고 한국판 뉴딜 정책은 우리 사회와 경제가 앞으로 어디로 가야 할지에 대해 국가적으로 화두를 던지고 변화를 이끌어내려 한다는 점에서 주목할 만하다. 코로나19 팬데믹이라는 전례 없는 위기를 극복하고 정책이 사회를 더 나은 방향으로 인도하는 힘이 될 수 있을지 눈길이 쏠린다.

강원도 수열에너지 융복합 클러스터 조감도. 이 클러스터는 그린 뉴딜 사업의 하나로 추진되고 있다.
ⓒ 환경부

ISSUE 천문학

금성 생명체 논란

이광식

◆◆◆

성균관대 영문학과를 졸업했고, 한국 최초의 천문잡지
〈월간 하늘〉을 창간하고 3년여 발행했다. '우주란 무엇
인가?'를 화두로 쓴 『천문학 콘서트』를 출간한 뒤 『십대,
별과 우주를 사색해야 하는 이유』, 『잠 안 오는 밤에 읽
는 우주토픽』, 『별아저씨의 별난 우주 이야기』, 『우주덕
후 사전』, 『천문학자에게 가장 물어보고 싶은 질문 33』,
『50, 우주를 알아야 할 시간』 등을 내놓았다. 지금은 강
화도 퇴모산에서 개인관측소 '원두막천문대'에서 별을
보면서 일간지, 인터넷 매체 등에 우주 · 천문 관련 기
사 · 칼럼을 기고하는 한편, 각급 학교와 사회단체 등에
우주특강을 나가고 있다.

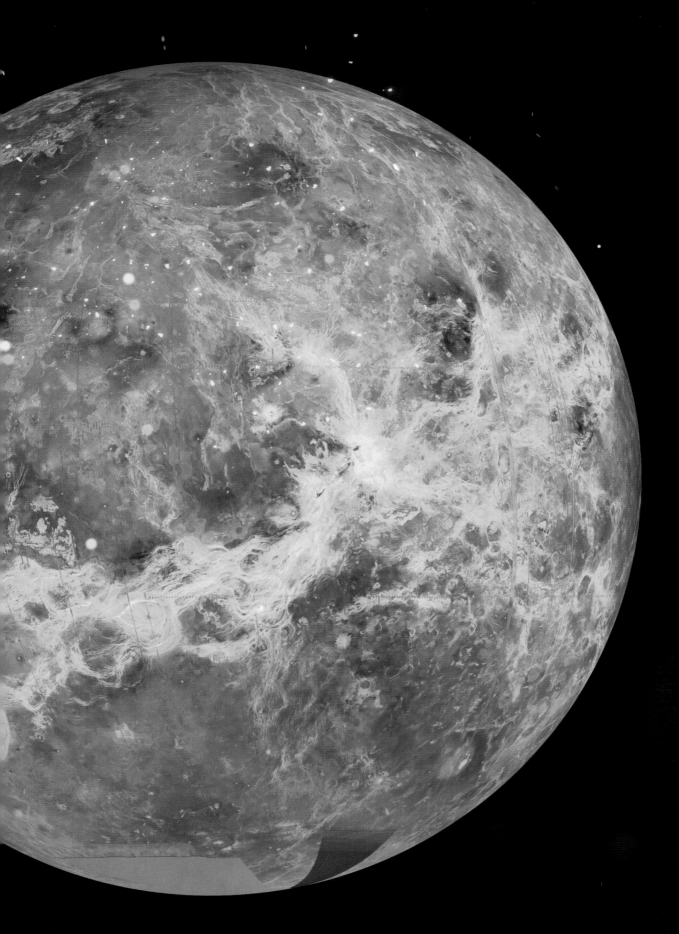

금성 대기에 생명체가 살까?

생명체가 있을 가능성이 높은 목성 위성 유로파에서 수증기가 치솟는 상상도. 유로파는 맨틀 암석 위에 물이 가득하고 그 위를 얼음층이 덮고 있을 것으로 예측되며, 물의 양은 지구의 2배가 넘을 것으로 추정된다.
© NASA

"이 광활한 우주에서 지구에만 생명체가 존재한다면 얼마나 엄청난 공간의 낭비인가?"

『코스모스』의 저자 칼 세이건의 말이다.

1957년 구소련의 인공위성 스푸트니크 1호가 최초로 우주로 진출한 이래 반세기를 훌쩍 넘은 인류의 우주 개척사에서 가장 상위에 차지한 미션은 외계 생명체 탐색이었다. 이는 인류의 근원과 얽혀 있는 문제이기 때문이다. 그동안 우리는 태양계 7개 행성을 비롯해 혜성, 소행성 등으로 수많은 우주선을 띄워 보냈다. 그러나 지금껏 지구 외 우주 어느 곳에서든 아메바 한 마리도 발견하지 못하고 있다. 과연 생명은 지구에만 있는 '현상'일까?

물론 태양계에는 생명체가 서식할 수 있는 후보지 몇몇이 알려져 있다. 여러 대의 탐사 로버들이 활약하고 있는 화성이 유력한 후보이기는 하나, 지하 바다를 갖고 있는 목성 위성 유로파, 토성 위성 엔셀라두스와 타이탄 등도 우주생물학자들이 가장 가고 싶어 하는 곳이다. 특히 목성의 유로파는 태양계에서 지구 다음으로 생명이 서식하고 있을 가능성이 높은 곳으로 알려져 왔다.

외계 생명체를 탐색하는 인류의 노력은 아직 별다른 결실을 보지 못하고 있다. 그런데 이 같은 상황에서 갑자기 지구의 이웃사촌 금성이 지구촌 천문학자들의 시선을 한 몸에 받으며 유력한 생명체 서식 가능 천체로 새롭게 떠올라 화제가 되고 있다. 최근 영국 카디프대학 연구진은 금성의 대기에서 생명활동의 존재를 암시하는 물질을 발견했다. 바로 인의 수소 화합물인 포스핀(phosphine, PH_3)이라는 물질이다. 수소 원자 3개가 인 원자 1개와 결합한 포스핀은 마늘 냄새나 썩은 고기 냄새 같은 악취가 나는 가연성 기체다. 매우 단순한 분자라 실험실에서도 쉽게 만들 수 있다.

포스핀이 생물체 존재를 암시한다는 이유는 산소가 없는 곳에서 서식하는 혐기성 미생물이 유기물을 분해하는 과정에 생성되는 물질이기 때문이다. 따라서 지구 바깥의 외계에서 이 물질이 발견됐다는 사실

1974년 미국항공우주국(NASA)의 탐사선 매리너 10호가 촬영한 금성의 두터운 대기 사진.
© NASA/JPL–Caltech

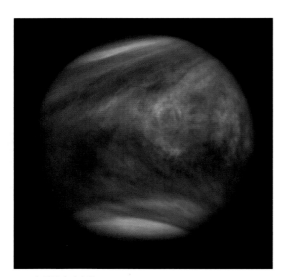

2018년 일본의 탐사선
아카츠키가 자외선으로 포착한
금성 대기 속 구름.
© JAXA

은 생명체 서식의 강력한 징후로 우주생물학자들에게 참으로 흥미로운 소식이 아닐 수 없다. 지구상에는 포스핀이 극소량 존재한다.

금성 대기에서 '생명 가스' 발견?

별이 무엇으로 이루어져 있는지 그 화학 조성을 알아내는 데는 분광학(spectroscopy)이 이용된다. 원자나 분자는 각기 고유한 스펙트럼을 갖고 있는데, 분광학이란 물질에서 나오는 빛의 스펙트럼을 측정해 물질의 성질을 분석하고 연구하는 학문 분야이다.

1835년 프랑스의 실증주의 철학자 콩트는 "과학자들이 지금까지 밝혀진 모든 것을 가지고 풀려고 해도 결코 해명할 수 없는 수수께끼가 있다. 그것은 별이 무엇으로 이루어져 있나 하는 문제다."고 단언한 바 있다. 결론적으로 이 철학자는 좀 신중하지 못했다. 콩트가 죽은 지 2년 만인 1859년 독일 하이델베르크대학의 물리학자 키르히호프가 분광학을 확립해 별이 어떤 물질로 이루어져 있는가 하는 '계산서'를 뽑아내는 데 성공했다. 그는 태양광 스펙트럼을 연구해 태양이 나트륨, 마그네슘, 철, 칼슘, 구리, 아연과 같은 매우 평범한 원소를 함유하고 있다는 사실을 발견했다. 인간은 '빛'의 연구를 통해 멀리 떨어져 있는 천체의 성분까지도 알아낼 수 있게 된 것이다. 이번에 '금성에서 포스핀을 발견했다는 것'도 분광기로 금성의 빛을 분석하고 해석한 결과로 얻어진 성과였다.

연구를 이끈 카디프대학의 제인 그리브스 교수가 금성 구름층에서 포스핀을 발견한 것은 2018년 12월이다. 관측을 진행하던 어느 날 칠레에 있는 알마(ALMA, Atacama Large Millimeter-submillimeter Array) 전파망원경을 통해 포스핀의 존재를 알려주는 신호를 포착했다.

그리브스 교수 연구진은 데이터 분석을 통해 포스핀이 금성 표면에서 약 48km 상공에 산재해 있다는 사실을 확인한 뒤 이 물질이 어떻게 생성됐는지 그 과정을 추적했다. 이 고도에서의 온도와 압력은 지구 해수면에서와 비슷하다.

카디프대학 연구진에 따르면, 금성 대기 중에서 발견된 포스핀의 양은 극미량으로 20ppb라 한다. 이는 분자 1억 개당 겨우 20개의 포스핀이 존재할 정도에 해당하는 매우 적은 양이지만, 금성 대기에서는 상당한 양이라 할 수 있다. 포스핀은 쉽게 분해되는데, 강산성인 금성의 대기 조건에선 16분 정도 지나면 포스핀이 분해될 것으로 과학자들은 보고 있다. 따라서 금성의 대기가 20ppb의 포스핀 농도를 유지하려면 분해되는 만큼 포스핀이 많이 생성돼야 한다는 의미다. 구름층 안에서 포스핀이 발견됐다는 것은 그곳에 미생물이 존재하거나 어떤 다른 유사한 상황에서 포스핀을 생성하고 있다고 추정할 수 있다는 뜻이다. 그러나 현재로서는 새로운 결과가 실제로 무엇을 뜻하는지 명확하지 않은 상태다. 금성 미생물이 포스핀을 방출할 수도 있지만, 우리가 이해하지 못하는 외계의 화학반응으로 생성될 수도 있기 때문이다.

어쨌든 금성 대기에서의 포스핀 발견이 중요한 이유는 그동안 금성의 환경이 가혹해 포스핀이 발견되리라고는 전혀 기대하지 않았기 때문이다. 금성의 표면은 이산화탄소 온실효과로 인해 온도가 무려 470℃에 달한다. 이는 납이나 아연이 녹는 고온이다. 게다가 금성 구름은 주로 단백질을 녹이는 황산으로 구성되어 있어, 보호 껍질이 없는 미생물은 생존하기 어렵다. 어느 모로 보든 금성은 도저히 생명체가 존재할 수 없는 환경인 셈이다.

이런 이유로 포스핀을 발견한 연구진도 이게 오류가 아닌지 확인하기 위해 1년을 추가로 연구했다. 연구진은 금성의 조건을 반영해 번개나 광화학 반응 등으로 포스핀을 생성해보려 했으나, 금성에서 관측된 포스핀 양의 0.01%도 만들어내지 못했다. 결국 생명 활동의 결과일 가능성이 가장 높다는 결론에 이른 것이다. 그리브스 교수 연구진은 '금

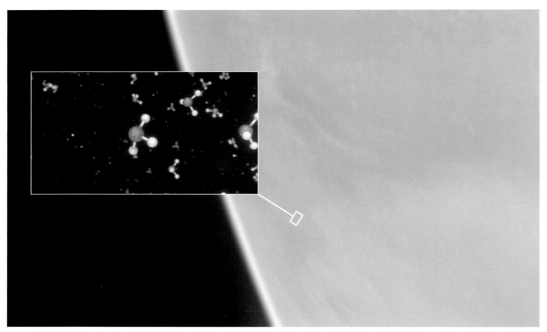

금성 대기 속에서 포스핀 분자가
발견된 것을 표현한 상상도.
© ESO/M, Kornmesser/L, Calcada &
NASA/JPL/Caltech

성의 구름 마루에 있는 포스핀 기체'라는 제목의 논문을 2020년 〈네이처 천문학〉 9월 14일 자에 발표했다.

금성 생명체는 '두 번째 기원'?

금성 표면이 비록 납이 녹는 고온이긴 하지만, 상공에 떠 있는 구름 위에서는 상황이 완전히 달라진다. 온도가 0~50℃로 지구와 비슷해지고 물은 액체 상태를 유지할 수 있다. 기압 역시 지구 표면과 비슷하다. 연구진은 그동안 금성 표면에서 약 48km 상공에 떠 있는 구름을 탐색해왔다. 이번에 포스핀을 발견한 과학자들은 구름의 물방울에서 세포가 번식하고 이 물방울이 표면으로 떨어지면서 건조한 포자가 되는 생명체가 있는 것은 아닌지 추측했다. 포자 중 일부는 바람을 타고 다시 구름으로 올라가 물방울 속에 흡수돼 번식한다는 가설이다.

연구진을 이끌고 있는 미국 매사추세츠공대(MIT) 행성과학자 사라 시거 박사는 "매우 혹독한 금성 대기에 어떤 종류의 생명이 존재할

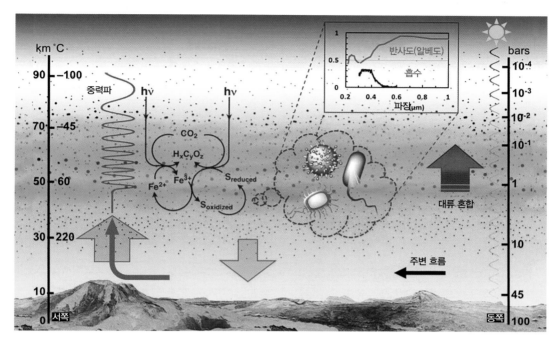

수 있는지, 그리고 금성 임무가 생명에 대한 추가 증거를 찾을 수 있는지 이해하기 위해 하나의 실마리를 잡게 되어 기쁘다."고 소감을 밝혔다. 그는 또한 "금성 생명체가 존재한다면 지구와 같을 필요는 없다. 미생물이 태양의 두 번째 암석 행성(금성)에서 독립적으로 발생했을 수 있으며, 이 경우 지구상에서 물을 기반으로 하는 유기체와는 매우 다를 수 있다."며 "만약 금성 미생물이 실제로 '두 번째 기원'을 대표한다면, 우리는 생명체가 우주 전체에 공통적이라는 확신을 가질 수 있게 될 것"이라고 덧붙였다.

　　금성에 생명체가 있을 것이라는 주장이 제기된 것은 오래전의 일이다. 1960년대 미국 천문학자 칼 세이건은 금성 구름에 생명체가 있을 거라는 가설을 제안했고, 이후 여러 후속 연구가 이어졌다. 아주 오래전 태양계 초창기의 금성에 바다가 있었을 것이라는 이론이 현재 거의 정설로 받아들여지고 있다는 사실도 금성에 생명체가 발생했을 가능성을 높여주고 있다.

　　금성 생명체 가능성이 본격적으로 제기된 것은 2000년대 들어서

미국 위스콘신-매디슨대의 산제이 리메이(Sanjay Limaye) 박사 연구진이 2018년 〈우주생물학(Astrobiology)〉 저널에 금성 구름 속 생명체 아이디어를 발표했다. 금성의 낮은 구름에 빛과 이산화탄소를 흡수해 철과 황 화합물을 분해하는 미생물 군집이 존재할 수 있다고 주장하는 내용이다.
ⓒ Limaye et al.

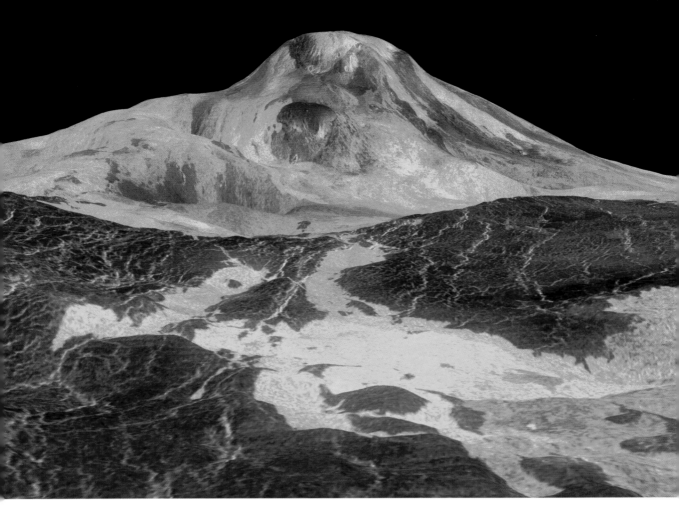

금성에서 가장 높은 화산 '마트 몬즈(Maat Mons)'를 보여주는, 마젤란 탐사선의 레이더 영상. 금성 표면에는 수십 개의 활화산이 있는 것으로 알려져 있다.
© NASA/JPL

다. 2008년 7월 영국 카디프대학 연구진은 2005년 발사된 유럽우주국 (ESA)의 금성 탐사선 '비너스 익스프레스'가 보내온 데이터를 분석해 금성 상공에 떠 있는 구름 속에 미생물이 존재하기에 알맞은 화학성분이 포함돼 있을 것으로 추정했다. 연구진은 또 금성 대기권에 미생물이 존재한다면 지구까지 날아올 수 있다는 주장을 하기도 했다. 금성과 지구가 지질학적으로 유사하기 때문에, 태양과 금성, 지구가 일직선으로 정렬될 경우 금성의 미생물이 태양풍의 영향을 받아 지구로 날아와 서식할 수 있다는 가설이다.

데이터 분석 실수인가?

물론 모든 과학자가 포스핀 발견이 금성에 생명이 있음을 결정적으로 보여준다고 생각하는 것은 아니다. 이번 포스핀 발견 논문에 대해 가장 회의적인 입장을 보인 과학자는 미국항공우주국(NASA) 에임스 연구센터 소속 행성과학자 케빈 자늘 박사다.

금성 표면의 상상도. 두꺼운 대기가 햇빛을 가려 모든 것이 주황빛으로 보일 것으로 추정된다. 금성은 표면 온도가 납을 녹일 정도로 태양계 행성 중 가장 뜨겁다.
© ESA

자늘 박사는 2020년 가장 중요한 우주 관련 소식이 될 수 있는 이 과학 논문이 공식 게재되기 전 심사를 했다. 그리고 포스핀이 생명체의 존재를 시사한다는 주장에 대해 우려를 표명했다. 그는 금성에 포스핀이 존재한다는 사실만으로 생명체의 존재 가능성을 말할 수 있는지 확실치 않다는 입장이다. 포스핀이 존재한다면 아직까지 알려지지 않은 지질학적 현상으로 생성됐을 가능성도 있다고 보기 때문이다. 해당 논문의 저자들 역시 포스핀이 지질학적 과정에서 생성됐을 가능성이 있다는 점을 완전히 배제하지는 않았지만, 생명체가 포스핀의 생성 원인일 가능성이 가장 높다는 쪽으로 결론을 내렸다.

그리브스 교수 연구진의 논문이 게재된 지 한 달 반이 지난 뒤, 금성에 포스핀이 존재하지 않는다는 내용의 논문이 여러 편 작성됐다. 네덜란드 라이덴 천문대 소속 이그나스 스넬렌 박사 연구진의 논문에서는 포스핀이 발견됐다는 결론이 나온 연구에 사용된 데이터를 집중적으로 살펴봤다. 스넬렌 박사 연구진은 데이터를 다른 방식으로 분석하고, 금성 대기에 포스핀이 전혀 존재하지 않을지도 모른다고 제안했다.

ALMA가 수집한 데이터를 정확히 분석하기 위해서는 정밀한 측정에 잡음 및 방해 요소 제거가 수반돼야 하는데, 여기에는 수많은 수학적 처리 과정이 필요하다. 그리브스 교수 연구진이 12가지 변수가 포함된 12차 다항식을 이용해 데이터를 분석했지만, 스넬렌 박사 연구진의 설명에 따르면, 실제로 이러한 다항식은 비논리적인 결과를 도출한다. 스넬렌 박사 연구진의 데이터 분석 과정에서는 포스핀이 발견되지 않았다. 다른 시각의 반론도 제기됐다. NASA 고다드 우주비행센터 소속 행성과학자인 제로니마 비야누에바 박사 연구진은 2020년 10월 27일 공

금성은 어떤 행성인가?

태양계의 두 번째 행성인 금성은 흔히 지구의 자매 행성으로 불린다. 금성은 크기와 질량, 화학적 조성이 지구와 아주 비슷하기 때문이다. 게다가 태양계 행성 중 지구와 가장 가깝다. 태양 주위를 224일 주기로 돌고 있으며, 대접근 때는 지구에 약 4140만km까지 접근한다. 이는 지구와 달 사이 거리의 100배 정도밖에 안 되는 거리다. 금성은 밤하늘에서 보름달 다음으로 밝은 천체로, 가장 밝을 때의 밝기가 −4.9등급이다. 이는 가장 밝은 별인 −1.4등급의 시리우스보다 30배나 밝은 것이다. 금성을 둘러싸고 있는 불투명한 구름의 반사도가 높기 때문이다. 금성은 하늘에 너무 밝게 빛나는 바람에 때로 UFO로 오해를 받기도 한다.

금성은 예로부터 여러 이름을 갖고 있다. 한자로는 계명성(啓明星), 태백성(太白星)으로도 불렸다. 저녁 하늘에서는 개밥바라기(개의 밥그릇이란 뜻으로 저물녘 금성이 뜰 무렵이면 개에게 밥을 줄 시간이라는 조상의 유머가 담긴 이름)로 불리다가 새벽 하늘에서는 샛별로 불린다. 서양에서는 로마 신화에서 미를 상징하는 여신의 이름을 따라 비너스(Venus)라 부른다.

금성의 기묘한 점은 243일을 주기로 한 번 자전한다는 사실이다. 자전 속도가 태양계의 여덟 행성 중에서 가장 느리다. 따라서 금성에서의 하루는 금성의 1년보다 길다. 게다가 자전 방향도 다른 행성들과는 반대인 시계방향이다. 이는 금성이 초창기에 무엇으로부터 격심한 충격을 받았다는 증거이지만, 아직 풀리지 않은 미스터리다. 흔히 불가능한 일을 뜻하는 '해가 서쪽에서 뜨겠다'는 속담은 적어도 금성에서는 쓸 수 없다. 금성 표면에서는 116.75일마다 태양이 서에서 떠서 동으로 진다. 물론 짙은 구름으로 태양을 직접 볼 수는 없지만.

또 금성은 궤도를 따라 움직이면서 태양, 지구와의 상대적 위치에 따라 달과 같이 위상변화를 보여준다. 금성은 내합 때 달의 삭처럼 완전히 보이지 않게 되지만, 외합 때는 보름달처럼 둥근 모양으로 보인다. 최대이각에 다다랐을 때는 반달 모양과 같고, 가장 밝게 보일 때는 초승달이나 그믐달과 같은 모양을 한다.

이런 금성의 위상변화를 최초로 발견한 사람은 갈릴레오 갈릴레이였다. 1610년 12월 11일 여러 날 동안 자작 망원경으로 금성을 관측한 갈릴레이는 마침내 금성 역시 달처럼 다양한 위상변화를 보인다는 사실을 확인했다. 이는 행성이 태양 주위를 공전한다는 지동설의 명백한 증거 중 하나였으며, 프톨레마이오스의 천동설로는 설명할 수 없는 현상이었다. 이로써 고대 그리스부터 내려온 천동설은 종말을 고하고, 태양 중심의 새로운 우주관이 열렸다.

금성의 궤도면은 지구의 궤도면에 대해 살짝 기울어져 있다. 따라서 금성이 지구와 태양 사이를 가로질러갈 때 일반적으로는 태양면을 통과하지 않는다. 그러나 약 120년마다 8년을 사이에 두고 금성은 두 번 태양면을 통과한다. 가장 최근의 태양면 통과는 2012년에 일어났다. 이때 금성의 태양면 통과를 못 본 사람은 105년 뒤인 2117년까지 기다려야 한다.

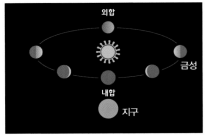

금성의 위상변화. 지구에서 보는 금성은 상대적 위치에 따라 달처럼 위상이 변한다.
ⓒ Nichalp

2012년에 일어난 금성의 태양면 통과. 태양 가장자리에 붙어 있는 검은 점이 금성이고, 나머지 반점들은 흑점이다.
ⓒ NASA/SDO

개한 논문을 통해, 금성에서 포스핀 신호와 비슷한 신호를 생성하는 이산화황(SO_2) 신호가 포스핀 신호에 섞였다고 주장하면서, 그리브스 교수 연구진이 ALMA 데이터를 분석할 때 사용한 방식으로는 거의 같은 주파수를 가진 이산화황(SO_2)과 포스핀 신호의 차이를 결정지을 수 없다고 지적했다. 또한 영국 글래스고대학의 화학자 리 크로닌 교수는 지질학적으로 활발한 금성의 표면이 때때로 갈라져서 지하에 있는 인 저장소가 드러날 수 있으며, 금성의 황산 구름에서 비가 내리면 포스핀을 형성하는 반응을 일으킬 수도 있다고 제안했다.

금성에 포스핀이 존재하는지 확인할 수 있는 가장 좋은 방법은 금성에 직접 가서 조사하는 것이다. 지구에서는 어떤 방법을 동원하더라도 의문점을 완전히 해결하는 데는 한계가 따른다. 따라서 탐사선을 금성 궤도로 발사하든지, 금성 대기권의 정보를 광범하게 모을 수 있는 착륙선을 보내는 것이 가장 좋다.

그러나 포스핀의 존재를 확인하더라도 이것이 곧 금성에 생명체가 존재한다는 것을 의미하지 않는다. 금성에 포스핀이 존재해도 유기 생명체의 존재와 관련이 없을 가능성을 배제할 수 없기 때문이다. 금성의 생명체를 확인하기 위해서는 추가적인 탐사와 연구가 뒤따라야 할 것으로 보인다. '특별한 주장'에는 '특별한 증거'가 필요하기 때문이다.

현재의 금성은 미래의 지구?

46억 년 전 태양계가 생성됐을 때 지구와 같이 태어난 원시 금성은 20억 년 동안 기후가 온화했으며, 액체 이산화탄소로 출렁이는 기묘한 바다를 가지고 있었을 것으로 과학자들은 생각하고 있다. 이산화탄소는 금성에서 가장 흔한 물질의 하나이다.

현재 지구는 수많은 생물이 번성하고 있는 데 비해 지구와 비슷한 조건에서 출발한 금성은 오늘날 어째서 아메바 한 마리도 살 수 없는 지옥 같은 행성이 됐을까. 무엇이 이 둘의 운명을 이렇게 갈랐을까 하는

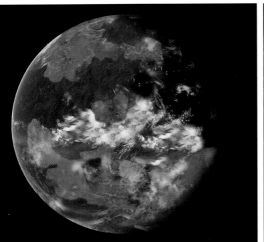

금성의 표면을 덮고 있는 바다 상상도.
수십억 년 전 금성의 표면에는 바다가
있었을 것으로 추정된다.
ⓒ NASA

금성과 지구를 비교한 그림. 비슷한 조건에서 출발한 두 행성은 너무나 다른 길을 걸어
금성은 태양계의 지옥이 됐다. 하지만 현재 금성은 지구의 미래 모습일지도 모른다.
ⓒ NASA/JPL–Caltech/Ames

것은 과학계의 오랜 화두였다.

20세기에 들어와 행성 과학자들이 그 비밀을 풀기 전까지 금성에 대해서는 거의 알려진 바가 없었다. 금성은 지구형 행성 중에서 가장 두꺼운 대기를 갖고 있다. 대기의 주성분은 이산화탄소이고, 표면에서의 대기압은 95기압에 이른다. 만약 사람이 금성 표면에 내린다면 그 즉시 납작하게 짜부라지고 말 것이다. 그러나 초기에는 금성 기압이 지구의 몇십 배 정도였다. 이런 상태가 적어도 1억 년에서 2억 년가량 지속됐다.

연구에 따르면 수십억 년 전 금성의 대기는 현재 지구 대기의 상태에 더 가까웠다고 한다. 표면에는 상당한 양의 액체 물이 존재했으리라고 여겨진다. 하지만 물이 증발하면서 대기 중으로 들어간 수증기가 온실효과를 폭주시켰다고 생각된다. 그리하여 최근 지구에서 발생하고 있는 것 같은 온실효과로 인해 모든 것이 다 사라졌다. 대기권의 이산화탄소 농도가 90% 이상으로 치솟았고 이로 인해 표면 온도가 470℃까지 상승했다. 이 표면 온도는 태양까지의 거리가 절반밖에 되지 않아 단위면적당 4배나 더 많은 태양 에너지를 받는 수성의 표면 온도보다 더 높다. 원시 금성의 이산화탄소 바다가 이 같은 금성의 기후에 중대한 영향을 미친 것으로 보인다. 이런 온실효과가 없다고 가정한다면 금성의 표면 온도는 현재 지구의 표면 온도와 비슷할 것으로 추정된다.

20억 년 동안 출렁이던 바다가 사라진 지표에서 화산활동이 활발해지면서 황산 구름이 떠올라 금성의 상공을 뒤덮었다. 주로 이산화황과 황산 물방울로 구성된 두꺼운 구름층이 금성 상공을 뒤덮고 있다는 사실이 밝혀진 것은 1970년대 들어와서였다. 황산은 상층대기에서 이산화황과 수증기가 자외선을 받아 광화학 반응을 일으켜 생성된다. 이 구름층이 태양 빛을 60%나 반사하기 때문에 금성 표면은 가시광으로 관찰하기 어렵다. 또한 금성은 영구적으로 구름으로 덮여 있기 때문에 지구보다 태양에 가까이 있지만, 금성의 표면에는 태양 빛이 비치지 않으며, 태양 빛에 의해 가열되는 일도 일어나지 않는다. 구름층 꼭대기에는 시속 300km에 이르는 강한 바람이 4~5일에 한 바퀴씩 금성을 일주한다.

금성은 황산으로 이루어진 짙은 구름으로 덮여 있기 때문에 표면이 아주 뜨겁고 건조하다. 이런 높은 온도에서는 납도 녹으므로 모든 액체는 끓어서 날아가 버린다. 게다가 황산으로 이루어진 구름에서 수시로 황산비가 내린다. 그래서 태양계에서 가장 지옥과 닮은 곳이 있다면 금성일 거라고 천문학자들은 입을 모은다. 어느 모로 보든 금성은 태양계 중에서 생명체가 살 수 없을 것 같은 행성이다.

현재 금성의 대기는 이산화탄소가 96.5%를 차지한다. 이산화탄소는 액체와 기체, 고체로 존재할 수 있으며, 적정한 온도와 압력에서는 빠르게 임계치에 달해 초임계 상태로 넘어갈 수 있다. 그러면 액체와 기체의 특성을 공유하게 된다. 일례로 물질을 녹이는 액체가 되는가 하면 기체처럼 행동하기도 한다.

열을 잡아 가두는 대표적인 온실가스이자 지구 온난화의 주범으로 꼽히는 이산화탄소는 동물의 호흡이나 화석연료의 연소에서 생성되며 식물의 광합성에 이용되는 기체다. 지구 대기 속의 이산화탄소도 계

금성 표면에 안착한
베네라 착륙선 상상도.
© Roscosmos/Reimund Bertrams

속 증가하고 있다. 이것이 온난화와 기후 이변을 불러와 인류의 미래를
위협하고 있다. 어쩌면 현재의 금성이 지구의 미래 모습일지도 모른다.

구소련이 시작한 금성 탐사 60년

금성 탐사의 첫 테이프를 끊은 것은 구소련이었다. 1957년 최초의
인공위성 스푸트니크 1호를 우주로 올려보내 미국에 '스푸트니크 쇼크'
를 안긴 지 4년 만인 1961년 구소련은 베네라(금성의 러시아어) 프로그
램을 앞세워 최초의 로봇 우주 탐사선을 금성으로 보냈다. 이를 시작으
로 구소련은 1967년과 1984년 사이에 수많은 탐사선을 금성으로 보내
과학 정보를 수집했다. 이런 연유로 구소련 우주 과학자들은 금성을 '러
시아의 행성'이라 불렀다.

구소련은 10대의 탐사선을 금성 표면에 착륙시키는 데 성공했고,
13대의 탐사선을 금성 대기에 진입시키는 데 성공했다. 금성 표면에 성
공적으로 착륙한 탐사선에는 베네라 탐사선 외에 핼리혜성과 금성을 함
께 탐사한 베가 탐사선 2대도 포함된다. 베네라 탐사선은 다양한 기록
을 세웠다. 1967년 10월 18일 베네라 4호가 사람이 만든 물건 중 최초
로 외계 행성의 대기권에 진입했고, 1970년 12월 15일 베네라 7호가 인
공물 중 최초로 외계 행성에 착륙했으며, 1975년 6월 8일 베네라 9호는

1982년 구소련의 베네라 13호가 찍은 금성 표면. 하늘이 노랗게 보이며 가시거리도 짧아서 공포심을 불러일으킨다.
© ESA

최초로 행성의 표면 사진을 지구로 전송했다. 1975년 베네라 9호가 찍은 금성 표면 사진은 흑백 이미지였지만, 1982년 베네라 13호는 최초의 금성 표면 컬러 이미지를 찍어 전송하는 데 성공했다. 1983년 6월 2일 베네라 15호는 금성의 고해상도 레이더 지도를 만들었다.

특히 1967년 금성 대기권에 진입한 베네라 4호는 대기의 90% 이상이 이산화탄소임을 밝혀냈고, 1970년 금성 표면에 무사히 착륙한 베네라 7호는 465℃라는 표면 온도를 측정했다. 베네라 프로그램은 전체적으로 성공했다는 평가를 받았지만, 불행하게도 극단적인 금성의 표면 환경으로 인해 착륙선들은 23분에서 2시간 정도만 '생존'할 수 있었다. 베네라 13호는 금성에서 127분간 탐사를 진행했는데, 이는 최장시간 활동 기록이다.

구소련에 한발 뒤처진 미국은 1962년 매리너 2호 임무를 통해 처음으로 금성 탐사에 성공했다. 매리너 2호는 금성 상공 3만 4833km를 통과해 42분간 대기 온도와 성분, 우주선, 미립자 등을 측정하며 금성 대기에 대한 데이터를 수집했다. 1974년 매리너 10호는 수성으로 가는 길에 금성을 스쳐 지나면서(플라이바이) 금성 구름을 자외선 사진으로 찍었고 금성 대기에서 엄청나게 높은 풍속도 잡아냈다.

NASA는 1978년 파이어니어 금성 궤도선(파이어니어 금성 1호)과 파이어니어 금성 다중탐사정(파이어니어 금성 2호)이라는 두 개의 개

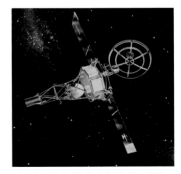

미국의 금성 탐사선 매리너 2호. 병 모양의 형태에 둥근 안테나를 달고 있다.
© NASA

미국의 파이어니어 금성 2호가
금성 대기 속으로 탐사정들을
하강시키는 상상도.
© NASA

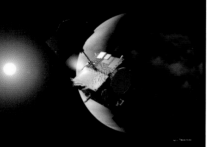

금성을 탐사하는 일본의
아카츠키 상상도.
© JAXA/Akihiro Ikeshita

별 임무로 구성된 '파이어니어 금성' 프로젝트를 통해 추가 데이터를 얻었다. 파이어니어 금성 1호는 1978년 12월 금성 궤도에 진입해 1992년 10월까지 궤도를 돌면서 금성을 탐사했다. 파이어니어 금성 2호는 금성에서 1110만 km 떨어진 거리에서 대형 탐사정 1기를 방출했고, 나흘 뒤 소형 탐사정 3기를 잇달아 내보냈다. 먼저 대형 탐사정이 금성 대기에 진입한 뒤 낙하산을 펼쳐 표면까지 하강하며 6개 장비로 대기 정보를 수집했으며, 몇 분 뒤 3기의 소형 탐사정이 금성 대기에 진입했고 고도 70km에서 7개의 장비를 작동해 대기 정보를 측정했다. 각 탐사정은 표면까지 도달하는 데 50여 분 정도가 걸렸고, 그중 하나는 가혹한 금성 표면에서 67.5분간 살아남아 측정 자료를 보내기도 했다. 이들 자료로부터 금성 대기는 고도 10~50km에서 대류가 거의 없으며, 고도 30km의 연무층 아래는 비교적 맑다는 사실을 알아냈다.

1980년대 이후에는 다른 천체를 탐사하러 가는 도중에 금성을 스치듯 지나며 관측하는 탐사(플라이바이)가 몇 차례 이루어지며 금성에 대한 이해를 높였다. 1985년 베가 1호와 2호를 비롯해 1990년 갈릴레오, 1998년 카시니-하위헌스, 2006년 메신저가 잇달아 금성을 지나치며 관측했다. 또한 NASA의 무인 탐사선 마젤란은 1990년 금성 궤도에 진입한 뒤 궤도를 선회하며 1994년까지 레이더를 이용해 금성 표면의 지도를 완성하고 중력장을 조사했다.

그 뒤로는 2005년 11월에 발사된 유럽우주국(ESA)의 비너스 익스프레스가 2006년 4월 금성 궤도에 진입하는 데 성공했고, 금성의 남극 지대를 적외선으로 촬영한 사진을 처음 전송했다. 7개의 과학장비를 갖춘 비너스 익스프레스는 금성의 온실효과를 규명하기 위해 2014년 12월까지 금성 대기에 대해 전례 없는 장기 관측을 수행했다. 탐사선은 임무를 완료하고 금성의 두터운 대기 속으로 뛰어들어 최후를 맞았다.

유럽 최초의 금성 탐사선 비너스 익스프레스. 금성의 온실효과를 규명하기 위해 발사됐다.
© ESA

금성 탐사선, 생명체 확인하러 떠난다

2020년 현재 금성 주위에는 일본의 금성 궤도선 아카츠키가 인류의 유일한 탐사선으로 임무를 수행하고 있다. 아카츠키는 길쭉한 타원 궤도로 금성을 8~9일 만에 한 바퀴씩 돌며 다양한 파장으로 조사할 수 있는 특수 카메라를 이용해 금성 대기권을 관측하고 있다. 황산이 주성분을 이루는 구름층 성분과 함께 대기권의 폭풍 발생 과정 같은 기상을 분석할 예정이다.

30년 동안 금성 탐사선을 보내지 않았던 미국은 현재 두 가지 금성 프로젝트를 추진하고 있다. 궤도선 베리타스(VERITAS) 프로젝트와 착륙선 다빈치(DAVINCI) 프로젝트다. 베리타스(Venus Emissivity, Radio Science, InSAR, Topography and Spectroscopy) 미션은 금성의 지형과 중력, 토양 성분 같은 표면을 자세히 관찰하고 표면 지도를 작성하는 것이다. 이 탐사선의 관측을 통해 지구의 지질사에서 화산과 판 구조가 형성된 과정을 이해하는 데 통찰을 얻을 수 있을 것으로 기대되고 있다. 다빈치(Deep Atmosphere Venus Investigation of Noble gases, Chemistry and Imaging) 미션은 착륙에 앞서 두꺼운 금성 대기층을 뚫고 낙하산을 단 탐사선을 금성 표면으로 1시간 동안 내려보내 데이터를 수집한다. 금성의 대기가 어떻게 지금처럼 지옥같이 뜨거운 대기로 바뀌었는지 그 과정을 밝혀내는 것이 목표다.

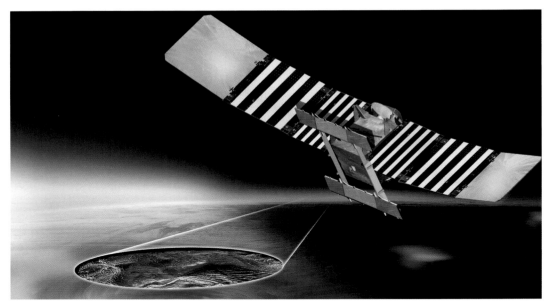

NASA가 추진 중인 베리타스
궤도선 상상도. 레이더를 이용해
금성 표면의 고해상도 지도를
만들 계획이다.
ⓒ NASA

특히 NASA는 가오리 모양의 신개념 우주선을 금성 하늘에 띄울 프로젝트를 추진하고 있어 관심을 받고 있다. 브리즈(BREEZE, Bio-inspired Ray for Extreme Environments and Zonal Explorations) 프로젝트의 일환으로 설계 중인 이 신개념 우주선은 미국 버팔로대학 연구진이 물에서 헤엄치는 가오리의 움직임을 본떠 고안해낸 태양광 우주선이다. 금성 대기권 상층에서 부는 바람을 효율적으로 이용해 가오리처럼 날개를 펄럭이며 비행하도록 설계됐는데, 과학자들이 우주선을 잘 제어할 수 있도록 조작이 가능하다. 브리즈 탐사선이 금성에 도착하면 4~5일마다 금성 주위를 비행하며, 탑재된 특수 장비를 사용해 대기 표본을 채취하고 기상 패턴과 화산활동을 모니터링한다. 2~3일 간격으로 햇빛이 비치는 금성의 앞면에서 태양 전지판을 충전해 구동한다. 예정대로 진행된다면 인류는 머지않아 금성 대기권을 나는 가오리 모양의 탐사선을 보게 될 것이다. 또한 NASA는 금성 탐사선 LLISSE(Long-Lived In-Situ Solar system Explorer)도 개발하고 있으며, 2023년까지 테스트를 마칠 계획이다.

이번에 금성 대기에서 발견된 '생명 징후 기체' 포스핀으로 인해 금성 탐사는 더욱 활발해질 것으로 전망된다. NASA 외에도 러시아연방

우주국(Roscosmos), 인도우주연구기구(ISRO) 등에서 몇 가지 프로젝트를 계획하고 있다.

과연 금성 구름 속에 생명체가 살고 있을까? 지금으로서는 누구도 속단할 수 없는 문제이다. 과학자들은 금성 탐사를 통해 새로운 생명 증거를 모을 것이다. 만약 금성에서 생명체가 발견된다면 인류의 우주 개척사에서 최대 사건이 될 것은 분명하다. 외계 생명체의 존재는 곧 인류의 근원과 맞닿아 있는 문제다. 칼 세이건의 말이 이를 웅변한다.

"이 우주를 우리와 공유하는 다른 존재가 있다는 사실을 발견한다면 그것은 절대적인 경이일 것이다. 그것은 인류 역사에서 획기적인 사건이 될 것이다."

Copyright©UB *CRASH* Lab, 2020

가오리처럼 생긴 탐사선 브리즈가 금성 상공을 날아다니는 상상도.
ⓒ CRASH Lab, University at Buffalo

11

ISSUE 기초과학

2020년 노벨 과학상

이충환

∙∙∙

서울대 대학원에서 천문학 석사학위를 받고, 고려대 과학기술학 협동과정에서 언론학 박사학위를 받았다. 천문학 잡지 〈별과 우주〉에서 기자 생활을 시작했고 동아사이언스에서 〈과학동아〉, 〈수학동아〉 편집장을 역임했으며, 현재는 과학 콘텐츠 기획·제작사 동아에스앤씨의 편집위원으로 있다. 옮긴 책으로 『상대적으로 쉬운 상대성이론』, 『빛의 제국』, 『보이드』, 『버드 브레인』 등이 있고 지은 책으로는 『블랙홀』, 『칼 세이건의 코스모스』, 『반짝반짝, 별 관찰 일지』, 『재미있는 별자리와 우주 이야기』, 『재미있는 화산과 지진 이야기』, 『지구온난화 어떻게 해결할까?』, 『과학이슈 11 시리즈(공저)』 등이 있다.

ALFRED NOBEL

2020년 노벨 과학상
주제는 블랙홀, 유전자 가위,
C형 간염

2020년 12월 노벨 주간(Nobel Week)에
'우주'를 주제로 한 조명이 스웨덴
스톡홀름의 시청을 비추고 있다.
ⓒ Nobel Prize Outreach/Clement Morin

2020년 노벨상 수상식 풍경은 예년과 달랐다. 매년 12월 10일 노벨재단은 스톡홀름 시내 콘서트홀에서 노벨상 시상식을 열고, 스웨덴 국왕이 노벨상 메달과 상장을 물리학상·화학상·생리의학상·문학상·경제학상 수상자들에게 수여했다(다만 노벨 평화상은 노르웨이 노벨위원회에서 선정해 따로 시상식을 개최했다). 2020년에는 코로나19 감염 확산을 막고자 수상자가 있는 각국 대사관이나 대학 등에서 상을 전달하고 이를 TV로 중계했다. 수상자 중에는 마스크를 쓰고 상을 받는 사람도 있었고, 함께 수상한 동료와 악수하는 대신 팔꿈치를 맞대는 사람

구분	수상자(소속)	업적
물리학상	로저 펜로즈(영국 옥스퍼드대)	우주에서 블랙홀이 형성될 수 있음을 이론적으로 증명
	라인하르트 겐첼(독일 막스플랑크 외계물리학연구소) 앤드리아 게즈(미국 로스앤젤레스 캘리포니아대)	우리 은하 중심의 거대질량 블랙홀 존재를 처음 관측
화학상	에마뉘엘 샤르팡티에(독일 막스플랑크 병원체연구소) 제니퍼 다우드나(미국 버클리 캘리포니아대)	크리스퍼 유전자 가위 개발
생리의학상	하비 올터(미국 국립보건원) 마이클 호턴(캐나다 앨버타대) 찰스 라이스(미국 록펠러대)	C형 간염 바이러스 발견

도 있었다.

코로나19라는 전대미문의 전염병 탓에 노벨상 시상식은 사실상 취소됐다. 제2차 세계 대전이 한창이던 1944년에 취소된 이래 처음이다. 노벨상 시상식이 취소됐다 하더라도 노벨상 수상자와 그 업적이 퇴색되지는 않는다. 스웨덴의 발명가 알프레드 노벨의 유서에 따라 2020년에도 인류의 발전에 크게 기여한 사람에게 노벨상이 수여됐기 때문이다. 2020년 노벨상을 받은 사람은 모두 11명이고, 기관도 1곳이 있다. 물리학, 생리의학 분야 수상자는 각각 3명이 나왔고, 화학, 경제학 분야 수상자가 각각 2명이었으며, 문학상 수상자가 1명, 평화상 수상자가 1개 기관이었다.

119번째로 노벨상이 수여되는 2020년. 노벨 물리학상, 화학상, 생리의학상을 중심으로 2020년 노벨상을 좀 더 깊이 들여다보자.

여성 수상자 약진, 천문학 분야 2년 연속 수상

2020년 노벨상은 비록 코로나19로 인해 정식 시상식이 취소됐지만, 상금은 2019년보다 높아졌다. 상금은 매년 기금에서 나온 수익금을 각 분야에 똑같이 나누어 지급하기 때문에 상금액이 매년 다를 수 있

2015년 스페인 오비에도에서 과학기술 연구 분야의 아스투리아상을 받은 에마뉘엘 샤르팡티에 소장(왼쪽)과 제니퍼 다우드나 교수(오른쪽). 두 사람은 노벨 과학상 분야에서 여성이 공동 수상한 최초 사례의 주인공이 됐다.
© FPA

2020년 노벨 평화상은 유엔 세계식량계획(WFP)에 돌아갔다.
© Nobel Prize Outreach/Rein Skullerud

다. 2020년 노벨상의 상금은 1,000만 스웨덴 크로나(약 13억 원)인데, 이는 2019년 상금보다 100만 스웨덴 크로나가 더 늘어난 액수라고 한다. 물론 공동 수상의 경우 선정기관에서 정한 기여도에 따라 상금이 나눠진다.

먼저 2020년 노벨상 수상자들을 살펴보면 가장 눈에 띄는 특징이 여성 수상자가 무려 4명이 나왔다는 사실이다. 미국 시인이자 예일대 영문학과 교수인 루이즈 글릭이 노벨 문학상을 받았으며, 미국 로스앤젤레스 캘리포니아대(UCLA) 앤드리아 게즈 교수가 노벨 물리학상을 받았고, 프랑스 태생의 독일 막스플랑크 병원체연구소 에마뉘엘 샤르팡티에 소장과 미국 버클리 캘리포니아대 제니퍼 다우드나 교수가 노벨 화학상을 공동 수상했다. 특히 화학상 수상자인 샤르팡티에 소장과 다우드나 교수는 노벨 과학상 분야에서 여성이 공동 수상한 최초 사례의 주인공이 됐다. 게즈 교수는 물리학상 수상 역사상 4번째 여성 수상자가 됐다. 글릭 교수는 노벨 문학상 수상자 중에서 16번째 여성 수상자이자 역대 2번째 여성 시인이다.

2020년 노벨상의 두 번째 특징은 노벨 평화상이 기관에 수여됐다는 점이다. 세계 기아 문제를 해결하고 분쟁 지역의 평화 유지에 공헌한 세계식량계획(WFP)이 그 주인공이다. 유독 평화상은 단체가 수상하는 경우가 많은데, WFP는 평화상을 받은 25번째 단체가 됐다. 단체가 평화상을 받은 횟수는 총 28회다. 국제적십자위원회(ICRC)가 3회, 유엔 난민기구(UNHCR)가 2회 수상했다.

끝으로 과학 분야 노벨상의 특징을 꼽자면, 물리학상의 경우 2년 연속으로 천문학 분야에서 수상자가 나왔다는 점이다. 2019년에는 미국 프린스턴대 제임스 피블스 석좌교수, 스위스 제네바대 미셸 마요르 명예교수와 디디엘 쿠엘로 교수가 우주 진화의 비밀을 밝히고 외계 행성을 발견한 업적으로 수상한 데 이어, 2020년에는 영국 옥스퍼드대 로저 펜로즈 교수, 독일 막스플랑크 외계물리학연구소의 라인하르트 겐첼 소장, 미국 로스앤젤레스 캘리포니아대 앤드리아 게즈 교수가 블랙홀 존재를 입증한 업적으로 수상했다.

2020년 노벨 과학상은 모두 8명이 수상했다. 1901년 제1회 노벨상 이후 지금까지 전쟁 등으로 인해 시상하지 못했던 몇몇 해를 거쳐, 2020년에 노벨 물리학상은 114번째, 화학상은 112번째, 생리의학상은 111번째 시상이었다.

노벨 물리학상, 블랙홀의 존재를 규명하다

2020년 노벨 물리학상은 무엇이든 빨아들이는 '괴물 천체' 블랙홀의 존재를 밝혀낸 과학자 3명에게 수여됐다. 영국 옥스퍼드대의 로저 펜로즈 교수, 독일 막스플랑크 외계물리학연구소의 라인하르트 겐첼 소장, 미국 로스앤젤레스 캘리포니아대의 앤드리아 게즈 교수가 그 주인공이다. 놀랍게도 블랙홀에 대한 연구 업적에 노벨상이 수여된 것은 이번이 처음이다.

펜로즈 교수는 블랙홀이 아인슈타인의 일반 상대성 이론에서 자연스럽게 나오는 결과라는 사실을 이론적으로 증명한 공로를 인정받았고, 겐첼 소장과 게즈 교수는 보이지 않는 매우 무거운 천체(거대질량 블랙홀)가 우리 은하 중심에서 별들의 궤도에 영향을 미친다는 사실을 발견한 공로를 인정받았다. 상금은 펜로즈 교수에게 50%, 겐첼 소장과 게즈 교수에게 나머지 50%가 주어졌다. 블랙홀의 존재를 밝힌 이론과 관측 성과로 기여도를 나눈 것이다.

블랙홀은 일반 상대성 이론의 자연스러운 결과

블랙홀은 주변의 물질은 물론이고 빛조차 빨아들이는 '우주의 진공청소기'라고 할 수 있다. 과연 이런 천체가 우주에 존재할까. 1915년

노벨 물리학상 수상자들

로저 펜로즈(영국 옥스퍼드대)
© Nobel Prize Outreach/Fergus Kennedy

라인하르트 겐첼(독일 막스플랑크 외계물리학연구소)
© Nobel Prize Outreach/Bernhard Ludewig

앤드리아 게즈(미국 로스앤젤레스 캘리포니아대)
© Nobel Prize Outreach/Annette Buhl

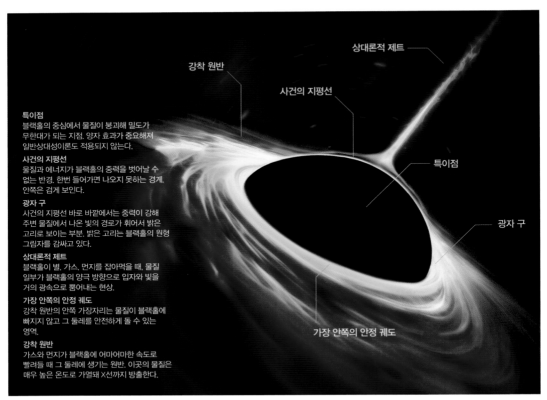

상대론적 제트

강착 원반

사건의 지평선

특이점
블랙홀의 중심에서 물질이 붕괴해 밀도가
무한대가 되는 지점. 양자 효과가 중요해져
일반상대성이론도 적용되지 않는다.

사건의 지평선
물질과 에너지가 블랙홀의 중력을 벗어날 수
없는 반경. 한번 들어가면 나오지 못하는 경계.
안쪽은 검게 보인다.

광자 구
사건의 지평선 바로 바깥에서는 중력이 강해
주변 물질에서 나온 빛의 경로가 휘어서 밝은
고리로 보이는 부분. 밝은 고리는 블랙홀의 원형
그림자를 감싸고 있다.

상대론적 제트
블랙홀이 별, 가스, 먼지를 잡아먹을 때, 물질
일부가 블랙홀의 양극 방향으로 입자와 빛을
거의 광속으로 뿜어내는 현상.

가장 안쪽의 안정 궤도
강착 원반의 안쪽 가장자리는 물질이 블랙홀에
빠지지 않고 그 둘레를 안전하게 돌 수 있는
영역.

강착 원반
가스와 먼지가 블랙홀에 어마어마한 속도로
빨려들 때 그 둘레에 생기는 원반. 이곳의 물질은
매우 높은 온도로 가열돼 X선까지 방출한다.

특이점

광자 구

가장 안쪽의 안정 궤도

블랙홀의 구조

구형 대칭을 가정하고 일반 상대성
이론의 방정식을 풀면 블랙홀의
해가 나온다. 특이점으로부터
일정한 거리만큼 떨어진 영역,
즉 사건 지평선(슈바르츠실트
반지름)에서는 빛조차 빠져나올
수 없다. 블랙홀 주변에는 물질을
빨아들여 원반 형태의 구조(강착
원반)를 이루고 있으며, 양쪽
극 방향으로는 매우 빠르게
물질(상대론적 제트)을 방출하고
있다.
© ESO, ESA/Hubble, M.Kornmesser/
N.Bartmann

아인슈타인은 중력에 대한 새로운 관점을 담은 일반 상대성 이론을 간결하고 아름다운 식으로 완성해 발표했고, 이듬해 독일의 천문학자 카를 슈바르츠실트가 일반 상대성 이론의 방정식을 푸는 데 성공했다. 슈바르츠실트가 얻어낸 해는 우주 공간의 무거운 천체가 주변의 시공간을 어떻게 휘게 하는지를 보여주었다. 질량 중심에 밀도가 무한대인 특이점이 있고, 질량 중심으로부터 일정하게 떨어진 거리에 바깥쪽과 단절된 영역, 즉 사건의 지평선이 나타난다. 사건 지평선 안쪽에서는 빛의 속도로도 탈출할 수 없는데, 결국 슈바르츠실트의 해는 우주 공간의 블랙홀을 설명하는 것이었다. 슈바르츠실트가 블랙홀의 가능성을 처음 수학적으로 제시한 셈이다.

슈바르츠실트가 일반 상대성 이론의 해를 구할 때 구형 대칭을 가정했지만, 실제 우주에는 별이 구형 대칭이 아닌 경우가 있다. 펜로즈 교수는 '구형 대칭을 가정하지 않아도 과연 블랙홀이 생성될까?'라는 질문을 제기했다. 1964년 가을 펜로즈 교수는 산책하다가 '갇힌 표면'이란 아이디어를 떠올렸다. 갇힌 표면은 2차원 표면과 비슷한데, 사건 지평선(슈바르츠실트 반지름) 내부의 공간을 나타내는 개념이다. 표면이 바깥쪽으로 휘어져 있든지 안쪽으로 휘어져 있든지에 관계없이 모든 광선이 중심을 향하도록 만든다. 펜로즈 교수는 중력 때문에 수축하는 대상이 약간 비대칭적이더라도 일단 갇힌 표면이 형성되면 결국 블랙홀이 될 수밖에 없음을 수학적으로 증명했다. 즉 중력에 의해 수축하는 별이 슈바르츠실트 반지름까지 작아지면 별의 구성 물질이 무한히 작은 공간에 밀집되며 밀도가 무한대가 돼 블랙홀이 된다는 뜻이다. 이 연구는 '펜로즈의 특이점 정리'라고 한다. 펜로즈 교수는 블랙홀 생성이 아인슈타인의 일반 상대성 이론에 따라 피할 수 없는 결과라는 사실, 즉 갇힌 표면을 이용해 블랙홀이 항상 특이점을 숨기고 있다는 사실을 증명한 셈이다.

우리 은하 중심의 거대질량 블랙홀 포착해

펜로즈 교수가 블랙홀의 존재를 이론적으로 밝히자, 이제 블랙홀을 발견하는 것은 천문학자들의 몫이 됐다. 천문학자들은 빛조차 빨아들이는 블랙홀 자체를 볼 수는 없으니까 블랙홀 주변에서 벌어지는 일에 초점을 맞추었다. 예를 들어 블랙홀과 쌍성을 이루는 짝별이 있다면 짝별의 물질이 블랙홀로 빨려들 때 자외선, X선 등이 나오는데, 이를 관측해 블랙홀의 존재를 확인한다. 블랙홀의 또 다른 은신처로 은하 중심부에 주목했다. 특히 은하 중심에 거대질량의 블랙홀이 존재한다는 주장이 설득력을 얻고 있었다. 우리 은하 중심도 거대질량 블랙홀이 존재할 것으로 추정되는 유력한 후보 중 하나였다. 1974년에는 우리 은하 중심 방향, 즉 궁수자리 방향에서 강력한 전파를 뿜어내는 원천이 발견됐는데, '궁수자리 A*'라는 이름이 붙은 이 천체는 블랙홀 후보로 주목

칠레 유럽남반구천문대(ESO)의
초거대망원경(VLT)은 레이저를
쏘아 인공별을 만들어 대기 효과를
제거하는 적응광학 시스템을
적용했다. 덕분에 우리 은하
중심부의 별들을 선명하게 촬영할
수 있었다.
© ESO/Y. Beletsky, ESO/S. Gillessen et al.

받았다.

　　1990년대에 접어들어 대형망원경과 정밀 관측 장비가 갖춰지면서
우리 은하 중심의 블랙홀 후보 '궁수자리 A*'를 체계적으로 연구할 수
있었다. 1990년대 중반부터 겐첼 소장과 게즈 교수는 우리 은하 중심에
있는 별들, 특히 '궁수자리 A*' 주변을 돌고 있는 별들을 추적하기 시작
했다. 겐첼 소장이 있는 독일 연구팀은 칠레 파라날산에 있는 '초거대망
원경(VLT)', 게즈 교수가 이끄는 미국 연구팀은 미국 하와이 마우나케
아에 있는 케크망원경을 각각 이용해 관측했다. 두 연구팀은 우리 은하
중심에 뒤죽박죽으로 섞여 있는 별들 사이에서 원하는 별을 추적하려고
정밀 광센서와 적응 광학 시스템을 개발해 영상 해상도를 1000배 이상
높였다.

　　구체적으로 두 연구팀은 우리 은하 중심의 가장 밝은 별 30개를
추적했다. 은하 중심에 가까운 별들은 꿀벌 떼가 춤추듯이 매우 빠르게
움직이는 반면, 은하 중심에서 약간 떨어진 별들은 좀 더 질서 있게 타

우리 은하 중심에 가장 가까운 별들

별들의 궤도는 거대질량 블랙홀이 '궁수자리 A*'에 숨어 있다는 가장
확실한 증거이다. 이 블랙홀은 태양 질량의 약 410만 배인 질량이 우리
태양계보다 크지 않은 영역에 압착되어 있는 것으로 추정된다.

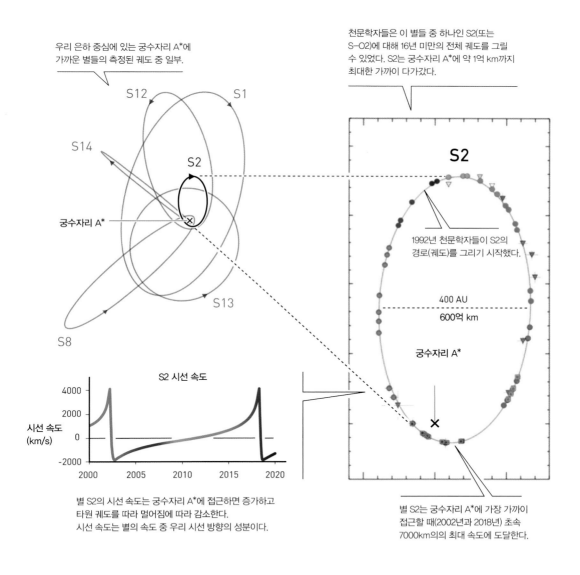

우리 은하 중심에 있는 궁수자리 A*에
가까운 별들의 측정된 궤도 중 일부.

S12   S1

S14

S2

궁수자리 A*

S13

S8

천문학자들은 이 별들 중 하나인 S2(또는
S-O2)에 대해 16년 미만의 전체 궤도를 그릴
수 있었다. S2는 궁수자리 A*에 약 1억 km까지
최대한 가까이 다가갔다.

S2

1992년 천문학자들이 S2의
경로(궤도)를 그리기 시작했다.

400 AU
600억 km

궁수자리 A*

×

S2 시선 속도

시선 속도
(km/s)

4000

2000

0

-2000

2000   2005   2010   2015   2020

별 S2의 시선 속도는 궁수자리 A*에 접근하면 증가하고
타원 궤도를 따라 멀어짐에 따라 감소한다.
시선 속도는 별의 속도 중 우리 시선 방향의 성분이다.

별 S2는 궁수자리 A*에 가장 가까이
접근할 때(2002년과 2018년) 초속
7000km의의 최대 속도에 도달한다.

원 궤도를 따라간다. '궁수자리 A*' 주변에 가까워지면 속도가 매우 빨라지고 멀어지면 속도가 느려진다. 예를 들어 S2(또는 S-O2)라는 이름의 별이 16년도 채 안 돼서 우리 은하 중심을 한 바퀴 도는데, 이 별의 전체 궤도를 정확히 알아냈다. 지구가 공전하는 이유가 중심에 태양이 있기 때문인 것처럼 이처럼 많은 별이 은하 중심을 도는 것도 공전 궤도 중심에 강력한 중력을 미치는 무언가가 있다는 증거다. 두 연구팀은 S2를 비롯한 별들의 궤도를 구해 각자 우리 은하 중심 블랙홀의 질량을 알아냈다. 1997년 겐첼 소장 연구팀은 제한된 관측결과를 활용해 우리 은하 중심에 태양 질량보다 245만 배나 무거운 블랙홀이 자리하고 있을 것으로 추정했다. 그 뒤 10년 이상 연구 자료가 쌓이면서 블랙홀 질량은 수정됐다. 2008년 게즈 교수 연구팀은 별들의 3차원 운동을 측정한 값들을 바탕으로 블랙홀 질량을 태양 질량의 410만 배라고 계산한 결과를 발표했다. '궁수자리 A*'에 다가가는 별 S2의 위치만 보더라도 블랙홀과의 거리가 태양계 크기의 몇 배 정도밖에 되지 않는다. 결국 우리 은하 중심의 블랙홀은 태양계 정도 크기라는 작은 공간에 태양 질량의 410만 배의 질량이 밀집한 거대한 천체라는 결론에 도달한 것이다.

노벨 화학상, DNA 교정 도구를 개발하다

화학상은 DNA를 마음대로 잘랐다가 붙이는 크리스퍼 유전자 가위를 개발한 여성 과학자 2명에게 돌아갔다. 독일 막스플랑크 병원체연구소의 에마뉘엘 샤르팡티에 소장(프랑스 태생)과 미국 버클리 캘리포니아대(UC 버클리)의 제니퍼 다우드나 교수가 그 주인공이다.

노벨상위원회는 두 사람이 '크리스퍼-카스9(CRISPR-Cas9)'라는 유전자 가위, 즉 유전자 기술의 가장 예리한 도구를 발견했다고 발표했다. 또 이를 이용해 동물, 식물, 심지어 미생물의 DNA를 매우 정교하게 교정할 수 있게 됐고, 이 기술은 식물 재배 방식을 통째로 바꾸는 식으로 생명과학기술의 혁명을 일으켰다고 평가했다.

박테리아에서 찾은 3세대 유전자 가위

유전자 가위란 특정 DNA만 선택해 잘라내는 '분자 기계'라고 할 수 있다. 특정 부위를 잘라내는 데 활용되는 효소의 종류에 따라 1세대 징크핑거 뉴클레이즈, 2세대 탈렌, 3세대 크리스퍼 유전자 가위로 구분된다. 크리스퍼 유전자 가위는 1세대, 2세대 유전자 가위와 달리 길잡이 역할을 하는 RNA가 절단 효소와 결합해 DNA로 이끈다. 2011년 샤르팡티에 소장이 크리스퍼 유전자 가위 개념을 개발했고, 이후 RNA의 대가인 다우드나 교수와 함께 연구했다. 두 사람은 절단 효소로 '카스9(Cas9)'을 쓰는 크리스퍼 유전자 가위, 즉 '크리스퍼-카스9'를 개발했다.

2002년 샤르팡티에 소장은 화농성연쇄상구균(*S. pyogenes*)이란 병원성 박테리아를 연구했다. 당시만 해도 매년 수백만 명이 이 균에 감염됐고 편도염이나 농가진에 시달렸다. 박테리아는 왜 이토록 공격적일까. 박테리아에 대응할 항체를 개발하려면 어떻게 해야 할까. 박테리아의 증식을 막을 새로운 도구는 없을까. 그는 유전자 수준에서 화농성연쇄상구균이 어떻게 작용하는지 밝히고자 노력했고, 이는 결국 유전자 가위 연구의 시발점이 됐다.

제임스 왓슨의 『이중나선』을 읽으면서 생명과학에 빠져들었던 다우드나 교수는 RNA에 관심이 많았다. 결국 RNA 연구로 저명한 학자의 반열에 올랐고, RNA 간섭 연구에서 놀라운 성과를 냈다. 2006년 그는 UC 버클리의 동료 학자로부터 흥미로운 얘기를 들었는데, 이것이 크리스퍼에 대한 관심으로 이어졌다. 크리스퍼(CRISPR)는 풀면 '주기적으로 반복되는 짧은 회문구조(역순으로 읽어도 같은 구조)'이다. 박테리아도 박테리오파지 같은 침입자에 대항해 자신을 보호하는 시스템을 갖추고 있다. 즉 박테리오파지의 DNA 서열 일부를 자신의 유전체에 저장해뒀다가 박테리오파지가 다시 침입하면 저장해둔 서열을 이용해 이 DNA를 제거한다. 크리스퍼는 이렇게 저장한 침입자 DNA 서열을 뜻한다.

그렇다면 박테리아는 크리스퍼로 어떻게 바이러스의 DNA를 절

노벨 화학상 수상자들

에마뉘엘 샤르팡티에
(독일 막스플랑크 병원체연구소)
ⓒ Nobel Prize Outreach/Bernhard Ludewig

제니퍼 다우드나(미국 버클리 캘리포니아대)
ⓒ Nobel Prize Outreach/Brittany Hosea-Small

바이러스에 대항하는 화농성연쇄상구균의 자연 면역체계

바이러스가 박테리아를 감염시킬 때 해로운 DNA를 전달한다. 만일 박테리아가 감염에서 살아남으려면, 바이러스 DNA 조각을 자신의 유전체에 삽입해 놓아야 한다. 그러면 이 DNA가 새로운 감염으로부터 박테리아를 보호하는 데 사용될 것이다.

ⓒ Johan Jarnestad/The Royal Swedish Academy of Sciences

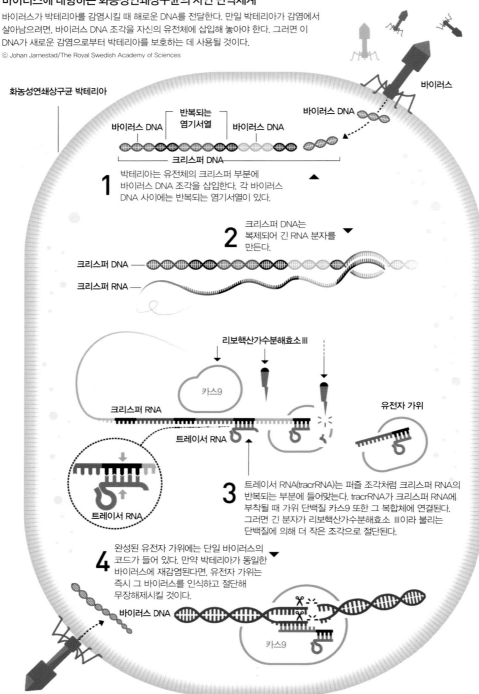

화농성연쇄상구균 박테리아

바이러스

바이러스 DNA

반복되는 염기서열

바이러스 DNA

크리스퍼 DNA

1 박테리아는 유전체의 크리스퍼 부분에 바이러스 DNA 조각을 삽입한다. 각 바이러스 DNA 사이에는 반복되는 염기서열이 있다.

2 크리스퍼 DNA는 복제되어 긴 RNA 분자를 만든다.

크리스퍼 DNA

크리스퍼 RNA

리보핵산가수분해효소 Ⅲ

카스9

크리스퍼 RNA

트레이서 RNA

유전자 가위

트레이서 RNA

3 트레이서 RNA(tracrRNA)는 퍼즐 조각처럼 크리스퍼 RNA의 반복되는 부분에 들어맞는다. tracrRNA가 크리스퍼 RNA에 부착될 때 가위 단백질 카스9 또한 그 복합체에 연결된다. 그러면 긴 분자가 리보핵산가수분해효소 Ⅲ이라 불리는 단백질에 의해 더 작은 조각으로 절단된다.

4 완성된 유전자 가위에는 단일 바이러스의 코드가 들어 있다. 만약 박테리아가 동일한 바이러스에 재감염된다면, 유전자 가위는 즉시 그 바이러스를 인식하고 절단해 무장해제시킬 것이다.

바이러스 DNA

카스9

크리스퍼-카스9 유전자 가위

연구자들이 유전자 가위를 이용해 유전체를 편집하려 할 때 절단하고자 하는 DNA 코드에 일치하는 가이드 RNA를 인공적으로 만든다. 가위 단백질 카스9은 가이드 RNA와 복합체를 형성하는데, 가이드 RNA는 절단할 유전체의 위치로 유전자 가위를 데려간다.

© Johan Jarnestad/The Royal Swedish Academy of Sciences

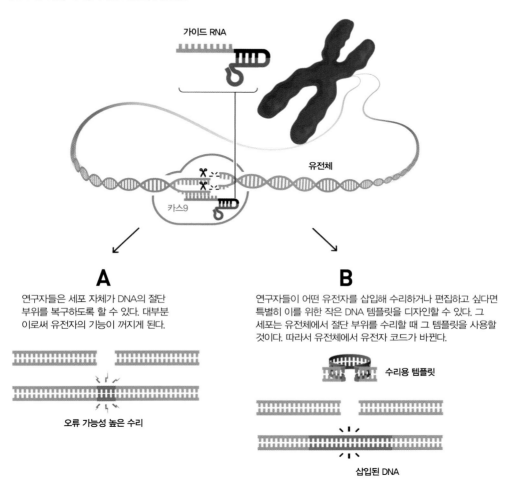

가이드 RNA

유전체

카스9

A

연구자들은 세포 자체가 DNA의 절단 부위를 복구하도록 할 수 있다. 대부분 이로써 유전자의 기능이 꺼지게 된다.

오류 가능성 높은 수리

B

연구자들이 어떤 유전자를 삽입해 수리하거나 편집하고 싶다면 특별히 이를 위한 작은 DNA 템플릿을 디자인할 수 있다. 그 세포는 유전체에서 절단 부위를 수리할 때 그 템플릿을 사용할 것이다. 따라서 유전체에서 유전자 코드가 바뀐다.

수리용 템플릿

삽입된 DNA

단할까. 이 질문에 답하고자 다우드나 교수와 샤르팡티에 소장이 의기투합해 실험을 진행했다. 두 사람은 크리스퍼에서 표적 DNA에 결합하는 가이드 RNA를 발현하고 이것이 카스9이라는 핵산분해효소와 결합해 침입자의 표적 DNA를 절단한다는 사실을 밝혀냈다. 박테리아가 침입자로부터 자신을 지키는 크리스퍼-카스9 단백질 복합체의 원리를 알아낸 것이다. 두 사람은 크리스퍼 유전자 가위로 원하는 DNA를 절단할

수 있는지도 확인했다. 특정 위치의 염기서열에 결합하는 가이드 RNA
와 카스9을 결합한 뒤 인간 DNA를 상대로 실험했다. 그 결과 자르고자
하는 DNA 위치를 정확히 인식해 절단하는 데 성공했다. 이렇게 크리스
퍼 유전자 가위의 탄생을 알린 핵심 논문은 2012년 국제학술지 〈사이언
스〉에 실렸다.

간편하고 정교해 난치병 치료와 새로운 농업혁명 가능

크리스퍼 유전자 가위는 기존 유전자 가위에 비해 간편하고 정교
하다는 것이 장점이다. 이 때문에 크리스퍼 유전자 가위는 인류를 질병
의 공포에서 해방하고 새로운 농업혁명까지 가져올 것으로 기대되고 있
다. 이 기술을 이용해 동식물과 미생물의 DNA를 매우 정교하게 변형할
수 있게 됐으며, 새로운 암 치료법 개발과 유전병 치료의 꿈을 현실화할
수 있게 됐다.

실제로 중국 연구진은 크리스퍼 유전자 가위로 에이즈 바이러스
감염을 차단하는 데 성공했으며, 미국 펜실베이니아대 연구진은 같은
방법으로 혈액암을 치료했다. 농작물 자체의 유전자를 교정해 병충해나

가뭄에 강하게 만들거나 근육량을 늘린 소를 탄생시키기도 했다.

　　다만 노벨위원회가 지적했듯이 유전자 가위가 인류에 많은 혜택을 줄 수 있지만, '유전자 조작 아기'를 만드는 것처럼 오용할 가능성도 있다. 앞으로 유전자 가위를 활용할 때 사안에 따라 적절한 규제도 필요한 셈이다.

노벨 생리의학상: C형 간염 바이러스를 발견하다

　　생리의학상은 C형 간염 바이러스(HCV)를 발견한 3명의 과학자에게 돌아갔다. 미국 국립보건원(NIH) 하비 올터 부소장, 캐나다 앨버타대 마이클 호턴 교수, 미국 록펠러대 찰스 라이스 교수가 그 주인공이다. 노벨위원회는 세 사람이 전 세계 사람들의 간경변과 간암을 일으키는 핵심 원인인 혈액 매개 간염을 퇴치하는 데 결정적 공헌을 했다고 평가했다.

실험실 증식보다 유전자 먼저 발견한 바이러스

　　1940년대부터 수혈을 받은 사람들이 간염에 걸리는 사례가 알려져 있었다. 1965년 미국의 바루크 블럼버그 박사가 B형 간염 바이러스를 발견하면서 수혈에 의해 전파되는 간염 상당수의 원인이 밝혀졌다. 이 공로로 블럼버그 박사는 1976년 노벨 생리의학상을 받았다. 1973년에는 A형 간염 바이러스도 발견됐다. A형 간염 바이러스는 오염된 물이나 음식을 통해 입으로 전파돼 급성 간염을 일으키는 반면, B형 간염 바이러스는 혈액이나 체액을 통해 체내로 유입돼 급성 간염, 더 나아가 만성 간염, 간경화까지 일으킨다. 그런데 이후에도 종종 수혈 매개 간염이 발생하곤 했다.

　　1970년대 중반 미국 NIH 수혈의학과에 근무하던 올터 박사는 A형도 아니고 B형도 아닌 미지의 바이러스가 일으키는 수혈 매개 간염에

노벨 생리의학상 수상자들

하비 올터(미국 국립보건원)
ⓒ Nobel Prize Outreach/Joy Asico

마이클 호턴(캐나다 앨버타대)
ⓒ Han Houghton

찰스 라이스(미국 록펠러대)
ⓒ Nobel Prize Outreach/Florence Montmare

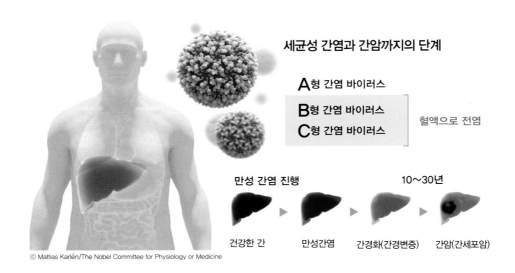

세균성 간염과 간암까지의 단계

A형 간염 바이러스

B형 간염 바이러스

C형 간염 바이러스

혈액으로 전염

만성 간염 진행　　　　　　　　10~30년

건강한 간　　　만성간염　　　간경화(간경변증)　　간암(간세포암)

© Mattias Karlén/The Nobel Committee for Physiology or Medicine

주목했다. 미지의 바이러스는 쉽게 존재를 드러내지 않았는데, 올터 박사는 일단 이 바이러스에 의해 간염에 걸린 환자들의 혈액 샘플을 수집해 냉동 보관했다. 올터 박사 연구팀은 환자 혈액 속 미지의 바이러스가 침팬지를 감염시킬 수 있음을 실험으로 증명했다. 이 바이러스가 지금까지 알려지지 않은 새로운 간염 바이러스임을 처음 확인한 셈이다.

새로운 간염 바이러스의 존재가 알려진 뒤 약 15년간 많은 연구자가 이 바이러스의 정체를 알아내기 위해 노력했다. 1980년대 후반 호턴 박사는 미국 캘리포니아주에 있는 회사 카이론(Chiron)에서 이 바이러스를 찾는 연구를 했다. 당시 최첨단 기법이었던 분자생물학 기법을 적용해 바이러스 유전자를 탐색한 끝에 C형 간염 바이러스를 발견하는 데 성공했다. 특이하게도 바이러스를 실험실에서 증식시키지 못한 상태에서 유전자를 먼저 발견했다. 이 내용은 1989년 국제학술지 〈사이언스〉에 실렸다.

C형 간염 치료제 개발로 이어져

이후 라이스 박사가 미국 세인트루이스 워싱턴대에 있던 시절에 C형 간염 바이러스의 복제물이 스스로 복제할 수 있고 C형 간염을 일으키는지 확인했다. 바이러스의 존재만으로 C형 간염을 유발한다는 사실

2020년 노벨 생리의학상 수상자 미국 록펠러대 찰리 라이스 교수가 대학 실험실에서 학생을 지도하고 있다.
© The Rockefeller University

을 밝힌 것이다. 그는 복제한 C형 간염 바이러스의 RNA 유전자 지도에서 특징이 밝혀지지 않은 영역이 복제에 관여한다고 생각했고, 바이러스에서 일어나는 유전적 변이를 관찰한 뒤 변이 부분이 복제를 방해한다고 가정했다. 먼저 유전공학적 기법으로 변이가 일어나지 않도록 만든 이 바이러스의 RNA 유전자를 침팬지의 간에 주사했다. 그 결과 침팬지 혈액에서 C형 간염 바이러스에 걸린 만성 간염 환자한테 발견되는 것과 유사한 병리적 변화를 확인했다. 이 동물실험으로 C형 간염 바이러스가 A형도 아니고 B형도 아닌 간염을 일으키는 원인 바이러스임을 입증한 셈이다.

세 사람의 공로 덕분에 C형 간염을 목표로 한 항바이러스 약물을 빠르게 개발할 수 있었다. 인류 역사상 처음으로 이 질병을 치료할 수 있게 됐으며 C형 간염 바이러스를 없앨 수 있는 길이 열렸다. 물론 이 목표를 이루려면 혈액 검사를 늘리고 전 세계에서 항바이러스 약물을 쓸 수 있도록 하는 국제적 노력도 필요하다.

2020년 이그노벨상

악어가 헬륨 가스를 마신다면 어떤 목소리를 낼까. 살아 있는 지렁이에게 고주파를 가하면 어떻게 될까. 자기 자신을 사랑하거나 훌륭하다고 여기는 사람은 얼굴에서 어떤 부위를 보면 알 수 있을까. 이처럼 다소 엉뚱해 보이는 궁금증의 답을 찾는 연구를 한 과학자들이 2020년 30회 '이그노벨상'을 받았다.

2020년 이그노벨상 시상식.
코로나19 때문에 온라인으로
생중계됐다.
ⓒ improbable.com

'괴짜 노벨상'이라 불리는 이그노벨상은 미국 하버드대의 과학 유머 잡지 〈황당무계 연구연보(Annals of Improbable Research)〉의 편집부와 기자, 과학자, 의사 등으로 구성된 위원회가 매년 전 세계에서 추천받은 연구 가운데 가장 기발한 연구를 선별해 수여한다. 시상식은 미국 하버드대의 샌더스 극장에서 매년 9월에 열리지만, 2020년에는 코로나19로 인해 온라인으로만 생중계됐다. 진짜 노벨상 수상자들이 시상자로 참석하기도 하는데, 이번에는 영국 맨체스터대의 안드레이 가임 교수가 온라인 시상에 참여해 행사를 빛냈다. 가임 교수는 2010년 그래핀을 발견한 공로로 노벨 물리학상을 받았고, 2000년엔 개구리를 공중부양시킨 연구로 이그노벨상도 받은 바 있다.

시상 분야는 물리학, 화학, 생물학, 문학, 경제학을 포함해 모두 10개 분야인데, 그 해 추천받은 연구에 따라 해마다 조금씩 바뀐다. 2020년 30회 이그노벨상은 물리학, 심리학, 음향학, 경제학 등 10개 분야에서 수상자를 발표했다. 특히 코로나19 창궐과 같은 바이러스 대유행에 정치인들이 큰 역할을 할 수 있음을 보여줬다고 비꼬는 의미로 미국 도널드 트럼프 대통령을 비롯한 9개국 정치 지도자가 의학교육상을 받았다. 이 외에 대표적인 것만 몇 가지 소개한다.

음향학상: 악어가 헬륨 가스를 마시면?

헬륨 가스를 마시면 누구나 '오리 소리'를 낸다. 소리가 전달되는

속도가 일반 공기보다 빨라져 높은 소
리가 나오기 때문이다. 만약 악어가
헬륨 가스를 마시면 어떤 소리를 낼
까. 2020년 음향학 부문 이그노벨상
을 받은 스웨덴 룬트대의 스테판 레베
르 박사 연구진은 암컷 중국 악어를
헬륨 가스가 채워진 탱크에 넣고 우렁
차게 울게 만드는 실험을 했다. 이 연
구결과는 2015년 〈실험생물학 저널〉
에 실렸다.

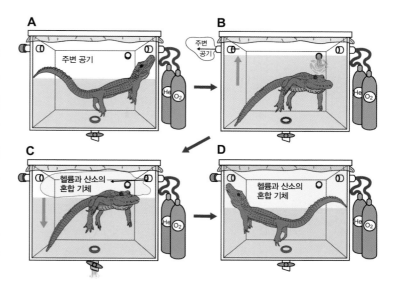

연구진은 악어를 일반 공기와
물로 찬 실험실 탱크에 넣고
울부짖게 한 뒤(A), 물의 높이를
높이며 일반 공기를 빼냈다(B).
다시 물의 높이를 낮추며 헬륨과
산소를 혼합한 기체를 채운 뒤(C),
이 혼합 기체 속에서 악어를
울부짖게 했다(D).
ⓒ Journal of Experimental Biology

　　레베르 박사는 악어와 같은 파충류가 자신의 목소리를 통해 자신
의 몸집을 과시한다는 사실을 보여주고자 이 실험을 고안했다. 몸집이
크면 공기가 진동할 공간도 커지기 때문에 목소리가 낮아지는데, 이전
까지 파충류가 발성에서 공명을 이용하는지는 확인하지 못했다. 연구진
은 악어를 실험실 탱크에 넣은 뒤 한 번은 일반 공기를, 다른 한 번은 산
소와 헬륨의 혼합 기체를 채웠다. 실험 결과, 악어의 목소리 주파수를
분석해 악어의 몸집 크기가 실제로 소리의 공명과 연관된다는 사실을
입증했다. 즉 헬륨을 채운 탱크에서 악어 목소리의 고에너지 주파수 대
역이 더 높아졌다는 것을 발견했다. 이는 파충류가 성대의 진동으로 소
리를 생성한다는 최초의 증거라고 한다.

물리학상: 살아 있는 지렁이에 고주파를 가하면?

　　비가 온 뒤에 땅 위를 기어가는 지렁이를 본 적이 있나. 꿈틀꿈틀
자유자재로 움직인다. 지렁이는 액체로 채워진 체강, 잘 늘어나고 유연
한 피부에 많은 마디로 이뤄진 골격을 갖고 있기 때문이다. 만일 살아
있는 지렁이에 고주파를 가한다면, 어떤 움직임을 보일까. 호주 스윈번
공대의 이반 마크시모프 박사 연구진은 지렁이에 고주파를 가하면 지
렁이의 몸이 어떤 파형으로 움직이는지 알아보는 연구를 해 2020년 물

리학 부문 이그노벨상을 받았다. 연구진은 지렁이가 수면 위에 생기는 파형과 비슷한 방식으로 움직인다는 사실을 밝혀냈다. 이 연구성과는 2020년 〈사이언티픽 리포트〉 5월 22일 자에 논문으로 발표됐다.

심리학상: 자기애가 강한 사람의 눈썹은 어떨까?

그리스 신화에는 자기 자신에게 빠진 나르키소스라는 미소년이 나온다. 나르키소스는 호수에 비친 자기 모습을 사랑하며 그리워하다가 결국 물에 빠져 죽었고 그 뒤 수선화가 됐다. 이 신화에서 유래한 나르시시즘은 자기애를 뜻하고 자기애가 강한 사람을 나르시시스트라고 한다. 2020년 심리학 부문 이그노벨상은 눈썹을 검사해 나르시시스트를 식별하는 방법을 고안한 캐나다 토론토대의 미란다 지아코민 박사와 니콜라스 룰 박사가 받았다. 두 사람은 눈썹을 올리는 방식을 조사해 자기애가 강한 사람을 구별할 수 있다는 사실을 밝혀냈다. 특히 눈썹이 진할수록 자기애가 강하다는 결론을 내렸다. 이 연구결과는 2018년 〈성격 저널(Journal of Personality)〉에 발표됐다.

온라인으로 진행된 시상식에서 룰 박사는 이그노벨상의 부상으로 주어지는 10조 짐바브웨 달러 지폐를 자신의 눈썹 위에 붙이고 수상 소감을 말해 웃음을 자아내기도 했다. 짐바브웨 달러는 가치가 엄청나게 떨어져 지금은 공식적 사용이 중지된 화폐다. 룰 박사는 그동안 사람들이 얼굴을 살펴보고 나르시시스트인지 판단했는데, 그 판단에서 눈썹이 결정적 요소라는 사실을 확인한 것이라고 설명했다.

이탈리아 화가 카라바조가 그린 '나르키소스'. 그리스 신화에서 나르키소스는 물에 비친 자기 모습을 보고 자신의 매력에 빠진다. 이 신화에서 유래한 것이 나르시시즘, 즉 자기애다.

곤충학상: 곤충학자들은 왜 거미를 두려워할까?

전 동물의 4분의 3을 차지하는 것은 무엇일까? 바로 곤충이다. 곤충은 지구상에 약 80만 종이 분포한다. 머리에 한 쌍의 더듬이와 겹눈이 있고 가슴에 두 쌍의 날개와 세 쌍의 다리가 있는 게 특징이다. 이런 곤충을 연구하는 학자들이 거미를 몹시 두려워한다. 사실 거미는 분류학적으로 보면 곤충에 속하지 않는다. 미국 리

곤충학자들이 두려워하는 거미.

버사이드 캘리포니아대 소속 곤충학자였다가 지금은 은퇴한 리처드 베터 박사가 2020년 곤충학 부문 이그노벨상을 받았다. 베터 박사는 곤충학자들을 대상으로 설문 조사를 해 곤충학자들이 거미를 두려워한다는 증거를 수집했다. 특히 곤충보다 2개가 더 있는 다리와 많은 털이 곤충학자들의 거미 공포증에 큰 영향을 미친다고 한다. 한편 2020년 이그노벨상의 주제는 곤충이었다. 이 때문에 모든 수상자는 종이 상장, 10조 짐바브웨 달러와 함께 곤충을 인쇄한 대형 종이 주사위도 받았다.

재료과학상: 배설물을 얼려 만든 칼은 잘 들지 않는다?!

"정착촌으로 이동하는 것을 거부한 이누이트(에스키모) 노인에 대한 잘 알려진 이야기가 있다. 그는 가족의 반대를 무릅쓰고 얼음 위에 머물 계획을 세웠다. 가족들이 그의 모든 도구를 가져가 버렸기 때문에 그는 겨울 강풍이 한창일 때 이글루에서 나와 대변을 본 뒤 배설물을 빻고 갈아서 칼로 만들었다. 그는 이 칼로 개 한 마리를 죽인 뒤 갈비뼈로 썰매를 만들었고, 다른 개가 이끄는 썰매를 타고 어둠 속으로 사라졌다." 이 내용은 1998년 캐나다의 인류학자 웨이드 데이비스가 쓴 책『태양의 그림자(Shadows in the Sun)』에서 가장 유명한 민속지학적 이야기라고 소개한 것이다.

2020년 재료과학 부문 이그노벨상을 받은 미국 켄트주립대의 메틴 에렌 박사 연구진은 이누이트가 자신의 배설물을 얼려서 칼을 만들어 사용했다는 내용을 접하고 이를 직접 실험했다. 실험 결과 인간의 배설물을 얼려서 만든 칼은 잘 들지 않고 고기를 전혀 자르지 못한다는 사실을 밝혀냈다. 이 연구결과는 2019년 〈고고학 저널: 리포트〉 10월호에 발표됐다.